農業経営の未来戦略 Ⅲ

進化する「農企業」

産地のみらいを創る

小田滋晃
坂本清彦
川﨑訓昭
編著

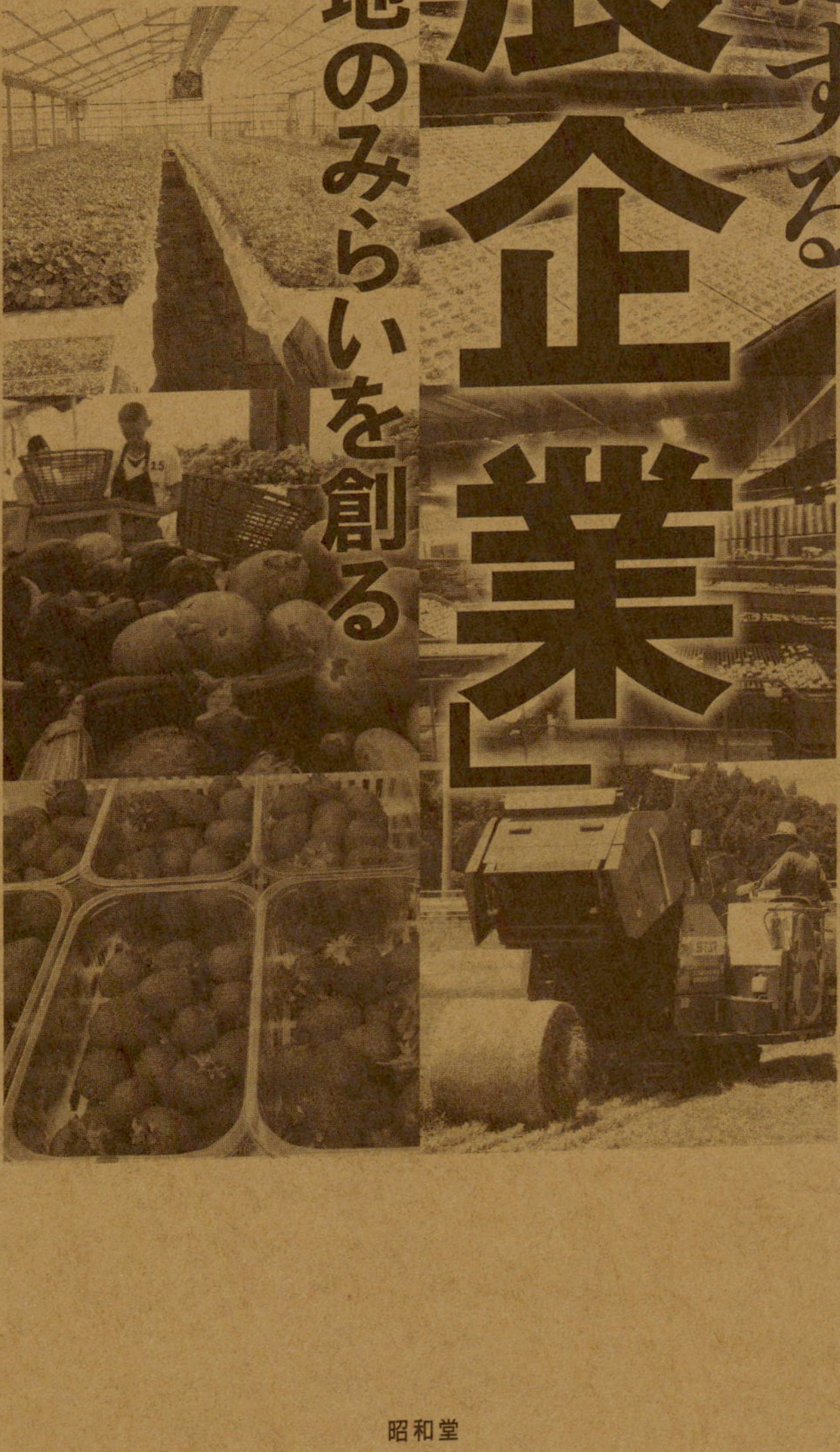

昭和堂

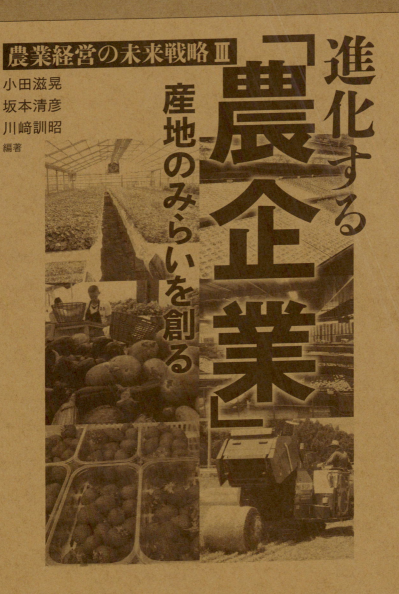

はじめに

本書は、第Ⅰ巻『動き始
戦略』シリーズの第Ⅲ巻で、シ
2012年4月より京都大学大学院農
戦略論講座』と同研究科生物資源経済学専攻
の毎年の成果を、農業の現場や農業経営に関心のあ
ることを目指して構成したものである。

本書では、第Ⅰ部において量販店の台頭や業務需要の増大等の
する中での既存産地の変貌状況を踏まえ、学術的にはその地位の相対的
点を当てつつ、「産地」の現代的な意味での再興・再編に資する「産地論」の
の中での農協の役割を明らかにすることを目指した。そして、これらの課題への取
樹産地に着目し、そこでの先進事例の調査を遂行するとともに、その成果を踏まえて20
り開催されたシンポジウムにおいて集中的に議論・検討し、接近を試みた。

また第Ⅱ部は、第Ⅰ部における議論を補強することを狙い、多方面にわたる具体的な産地のあり様《よ》や
役割を視野に入れ、当寄附講座・分野との研究連携を図ってきた研究者や当分野の大学院生の研究・教育の成
果を構成したもので、その内容は次の通りである。

課題を明らかにし、飼料米の供給構造を確認した後、流通面に焦点
その対応策の検討を行っている。

【第Ⅱ部】

第5章「JAにおける地域農業振興計画の現状と課題――アンケート調査結果を踏まえて」

全国のJAを対象とした地域農業振興計画策定の実態に関するアンケート分析をもとに、地域農業振興計画とJAの中長期経営計画との関係性を軸に、その計画策定の現状と課題を明らかにしている。

第6章「フランスの地産地消をめぐるダイナミクス」

フランスで2010年に制定されたフランス農業近代化法の主要な柱である「ロカヴォール」に呼応する小規模な農業経営体が構築するネットワークについて、フランスの伝統的な社会的経済ネットワークの視点を組み入れ、分析を行っている。

第7章「飼料作産地の新たな動き」

畜産の生産基盤が縮小する一方で飼料自給率が上昇するわが国において、飼料作産地における経営主体の新たな動きとそこでの課題を明らかにするために、北海道と九州の飼料作経営や畜産経営を事例として分析を行っている。

第8章「飼料用米の産地形成に関わる問題と課題」

わが国の畜産業および飼料生産に関する動向を概観した後、

を当て飼料用米の産地形成に関わる問題およ

第9章「産地再編に伴う出荷体制の整備とその調整方法――福井県の梅産地を事例として」
福井県若狭町を事例として、産地の形成過程と出荷方法の変遷を分析することにより、その出荷体制と産地再編の関連性を明らかにし、今後の園芸産地における産地再編の一つの方向性を提示している。

第10章「新たな農法による産地形成の実態――兵庫県豊岡市の「コウノトリ育む農法」を事例として」
兵庫県豊岡市の「コウノトリ育む農法」を事例として、集落営農が新たな農法や技術を導入する契機や動機を分析し、普及主体による効果的な推進方法について考察している。

第11章「知的財産制度の戦略的な活用と産地形成、その展開方向――稲美ブランドの事例から」
兵庫県加古郡稲美町を事例として、産地形成段階において個別農業経営および地域がいかに戦略的に地域ブランドを活用するかについて、知的財産制度をめぐる情勢変化を踏まえながら分析している。

全Ⅲ巻からなる当シリーズでは、一貫して「農企業」というキーワードを考察の中心に据えてきた。第Ⅰ巻で説明した通り、この「農企業」という概念は、わが国農業を実質的かつ健全に担う農業経営体を表す総称概念として位置づけられ、伝統的な意味での家族経営を主体とした農業経営体から集落営農に代表される組織農業経営体、先進的と目される企業的農業経営体等、様々な経営形態を持つ多様な農業経営体を含みうる。また、その中にはその展開が現在進行形と見なされる動態過程あるいは変遷過程にある様々な農業経営体も当然に含まれうる。当シリーズはこの「農企業」に総称される多様な農業経営体の生成・展開・発展の論理と過程を、「ヒト、モノ、カネ、農林地、環境、情報」を視点に農業経営体の「戦略」、「ガバナンス」、そして様々な農業経営体が位置する「産地」に着目し、その中での農協の役割を踏まえて議論・検討してきたといえる。そして、農業の産業としての特徴や特質および農協の役割を念頭におきつつ、「農企業」の多様性とあわせ、農村地域や集落における組織や慣行・風習等を含むネットワークの多様性を健全な状態で保持・発展させることが、先進的な企業的農業経営体も含めた地域農業の発展・展開に不可欠になるという我々の「仮説」を明らかにしようと努力してきた。

しかし、この試みはまだその途上にあると言わざるを得ない。幸い、ここまでの3年間に引き続き、農林中央金庫のご意向により当寄附講座は継続することとなった。この3か年にわたる我々の研究・教育・普及活動を固いベースとし、この「仮説」が実証できるよう努力を続ける決意である。その成果を来年度も引き続き新たに出版していく所存であるので、我々のこれからの活動にぜひ期待してもらいたい。

最後にこの場をお借りし、我々に研究・教育・普及にかかる貴重な機会をご提供くださった農林中央金庫に対して、深く謝意を表する次第である。

小田 滋晃・坂本 清彦・川﨑 訓昭

農業経営の未来戦略 Ⅲ

進化する「農企業」

――産地のみらいを創る

目次

第Ⅰ部　産地再編のうねりのなかの農企業
――さらなる進化を加速するために

第1章　わが国における果樹産地の変貌と産地再編
――新たな「産地論」の構築に向けて

小田 滋晃・坂本 清彦・川﨑 訓昭・長谷 祐

第6章　フランスの地産地消をめぐるダイナミクス　戸川律子

第7章　飼料作産地の新たな動き　久保田哲史

第Ⅰ部

産地再編のうねりのなかの農企業

――さらなる進化を加速するために

第1章 わが国における果樹産地の変貌と産地再編
——新たな「産地論」の構築に向けて

小田滋晃
坂本清彦
川﨑訓昭
長谷　祐

1　はじめに——「産地論」をふりかえる

果樹・野菜作を中心とした農産物の産地の展開過程や産地間競争、産地を形成する農協共選・共販を中核とした諸主体の機能等を含む一連の「産地論」は、現実の産地の展開・発展を踏まえつつ1960年代から重要なテーマとして理論・実証両面から研究が行われてきた。おおむねオレンジの輸入自由化（1991年）以降は、果樹・野菜作を中心とした産地の再編過程やその理論的精緻化の試みが続けられてきた一方で、同種学術分野での専門化・細分化・多様化の進展ともあいまって、学術的テーマとしての「産地論」は相対的に縮小してきたといえよう。加えて、輸入果実・野菜の急激な増加を伴った小売・流通の構造的な変化のなかで、既存産地の相対的な地位も低下傾向にあるといえよう。

しかしながら、量販店や加工向け需要にも対応し、大都市卸売市場に対して定時・定量・継続出荷可能な国内果樹・野菜産地の社会的な意味での機能・意義は今日においても決して小さくない。他方、我々が「農企業」と総称する家族農業経営体から企業的農業経営体を含む多様で健全な農業経営体や、その他農業関連主体が産地において出現・存在するなかで、農協共選・共販を基本的枠組みとしてきたかつての産地の姿は変容しつつあるといえよう。国内の産地がこのような大きな再編過程にあることに鑑みれば、今日の産地のあり様《よう》を適確に分析できる新たな理論的・実践的枠組みを構築することは、果樹・野菜を中心とした産地の新たな意義やその再編・発展への足がかりを見出し、「産地論」の新たな枠組みと可能性とを探るためにも大いに意義があると考える。

そこで第1章では、これまでの「産地論」に基礎を置きつつ、果樹・野菜作を中心とした今日的な意味での産地再編のメカニズムを検討し、新たな「産地論」の構築に向けた理論的・実践的枠組みとあわせ、そこで多様な「農企業」が果たす役割を踏まえた戦略的課題の提示を試みる。

産地の定義

本章においては、「産地」を「ある地域の自然・風土等に適した商品作目生産を担う農業経営体が当該地域に集積して、一定量の当該作目を生産し、それら農業生産物を一定のブランド力（消費者の認知）の下、何らかの販売主体が消費地域に向けてマーケティングを行うことを通じて、連携・連帯している総体」と定義する。つまり、ある作目の生産に適した自然・風土条件を有する地域、そこに一定数存在しその作目を商品として生産する農業経営体、消費地への販売を強く指向した農協共販、任意出荷組合、独立系を含む生産者主体による「売る」ための不断の努力の結果として消費者に認知されるブランド力、といった要素により産地が成立し存在してきたといえるだろう。

このような認識のもと産地形成・再編の過程を分析するため、本章では果樹産地にまず焦点を当てることとする。この理由は、果樹生産の技術的特質、商品的特質、主体的特質の3つの特質[1]から、一定の地域で長期にわたる生産、販売、関係主体の組織化といった努力が要求され、他の作目に比べて「産地」としての特徴が極めて象徴的に現れると考えるためである。なお、本章の構成は以下のとおりである。まず、わが国の果樹産地の動向を概観し、そうした果樹産地の変遷や再編過程を駆動するメカニズムや原動力を明らかにする。その上で今後その原動力の中核となりえる、農業の六次産業化と産地との関係を理論化するための論点を整理し、産地再編・再興に向けての戦略的課題を踏まえて、新たな「産地論」の構築に向けた研究の枠組みと諸課題を提示する。

2　わが国における果樹産地をめぐる変化

1990年代以降、わが国の主要果樹作目の栽培面積（結果樹面積）は顕著に縮小してきている。農林水産省の作物統計調査・作況調査によれば、ミカン、リンゴ、ブドウ、日本ナシ、モモ、カキ、梅の主要7品目の結果樹面積は、1950年には7・9万㌶だったものが、1980年には27・7万㌶に増加し、2010年には16・5万㌶と減少している。特に、1950年の3・0万㌶から手厚い政策支援により急速に拡大したミカンの栽培面積は、1980年に13・5万㌶にまで増加し、その後大幅に減って2010年には4・6万㌶となっている。

(1) 果樹産地の再集約化

これらの主要果樹の産地シェアの巨視的な傾向を見てみると、1950年代以降古くからの主要生産県以外の地域で拡大した生産が、1970年代を境として再び主要生産県に集中する傾向を示す(2)。1970年代までの拡大傾向は、1961年制定の農業基本法や果樹農業振興特別措置法によって、国が農家の所得向上を目指して現金収入につながる果樹類を選択的拡大生産品目として奨励し、国営農地開発事業等により耕作地を拡大して、産地の形成を図ったこと等政策的支援によるところが大きい。その後1970年代以降、米の生産調整からの転作作目としてさらに作付けが行われたミカンは急激に生産過剰となり、果実の輸入が自由化され相対的に国産果実への需要が下がったこともあって生産が縮小に転じた。

こうした傾向は、ミカンのみならず、同じく果樹園芸において重要な地位を占めるリンゴやブドウにおいても観察される。これは、気象や土壌特性等栽培に適した生理生態的環境を備えた「栽培適地」への集中度が再び高まりつつあり、かつての産地への回帰が進んでいるためと見ることができる。これらの作目では、後述する近年の流通や消費動向の急激な変化に対応するため、産地集中の過程で生産者や生産者団体が、有力産地としてのネームバリューを生かしつつ、農産物の高品質化や差別化によりブランド化を図ることで、さらに特定の産地への集中が顕著になってきているといえよう。一方、ミカン、リンゴ、ブドウの三大品目以外の、日本ナシ、モモ、カキ、梅といった作目の産地変遷の動向を見ると、三大品目に比べ果樹の生理生態的な適応条件としての栽培適地が広いこと等もあって、従来から全国的に産地は分散していたが、これも近年になって徐々に集中化(3)が進んできている。

(2) 果樹産地を取り巻く課題

これら日本ナシ、モモ、カキ、梅といった作目では、特定の品種と特定の産地とが結び付けられる例[4]や、特定の産品に関連する生産・加工・販売が地域産業クラスターを形成する例[5]等が目を引く。こうした例では、篤農家に代表される生産者や、生産者団体をはじめとする関係機関が、全国に広がる他の産地との競合のなかで自らの地域と特定の品種とをマッチングさせ、ブランド化を展開したという経緯を見て取ることができるだろう。こうした一部品種のブランド化は、独自性や新規性のある品種の育成・導入のための篤農家、育種・種苗業者、関係行政機関等の努力によって支えられてきたことは見逃せない。また、果樹栽培においては、摘蕾・摘花・摘果による着果量の調整、袋掛け、収穫等、短期間に集中する管理作業が多いが、生物季節的に異なる特性をもった品種の組み合わせによって、これら作業を分散・平準化させうるとともに、同一作目の多系統化による「産地」からの出荷期間の延長を図る対応も見られる。また、１９８９年の岡山県のモモ産地での初の実用的導入を皮切りに多くの果樹作目で普及した、光センサーを用いた非破壊の品質（糖度）測定・選果機等多くの技術革新も、産地の変化の方向性に大きな影響力を及ぼしたといえる。

他方、近年果樹産地は産地としての地位や活力を維持していく上で多くの課題に直面している。生産者の高齢化、後継者や担い手不足等の問題は、中山間地域等条件不利地域に多い果樹栽培の場合、さらに深刻である[6]。園地の荒廃化・廃園化は産地としての競争力低下に即座に結びつき、輸入果実の増加や果実の市場価格の低迷もあって後継者や担い手に敬遠され、ますます高齢化が進むといった悪循環を招きうる。

さらに果樹産地の動向を理解するためには、生産という「川上」だけでなく「川中」「川下」側、すなわち流通、小売、消費の動向も踏まえておく必要がある。近年の国産生食用果実の流通では、卸売市場の経由率は統計的には減少傾向[7]にあるが、他方で大都市中央卸売市場への荷の極端な集中化と、地方卸売市場の衰退が進んでいる。また大口の取引を行う大型小売業者が、取扱量の面のみならず価格や規格、品質、商品企画等「川上」や「川中」に大きな影響力を行使しており、取引価格の低位安定や相対取引に伴う「川上」側との交渉力格差が生産者にとって看過できない課題となっている。その他にも、卸売市場系統外の流通ルートとして、生産者直売所の増加、市民生協を含む新たな集出荷主体の台頭、競争の激しい外食産業やコンビニエンスストア・チェーン向けを含む業務向け需要の増加等がみられ、複雑化・多様化の様相を呈している。

このように、消費・小売・流通の変化は、技術革新を含む産地における独自の動きとあいまって、産地の再編の様相をきわめて複雑にする。ＩＴ選果機(8)の普及による各産地間の品質の平準化が一定程度進む一方で、栽培方法や果実品質にこだわったり、加工・流通までを一体的にこなすいわゆる六次産業化を図る生産者・生産者グループの出現など、同一産地内にも様々な意図や利害をもつ多様な主体が形成され存在しているのが現状である。

3　産地形成・再編のメカニズム

次に、わが国における果樹産地形成・再編のメカニズムを検討しよう。その際、既存の「産地論」を踏まえた上で、産地形成・再編の原動力を、個別農業経営体のスタンス、生産者組織・ネットワーク・地域関連主体の役割、行政や公的機関の支援といった側面に分けて考察することにする。

(1) これまでの「産地論」における産地形成・再編

わが国における本格的な産地研究は、1960年代に農業基本法農政下において農家所得の増大のため青果物生産の選択的拡大政策が進むなかで、青果物産地の形成過程を記述し分析対象とする産地記述論や産地形成論を嚆矢として発展してきた。その後「産地論」は、産地マーケティング論や産地間競争論、産地内・間の主体間のコンフリクトへの対処を含む産地行動論、産地組織の機能化と構造の関係を検討した産地経営経済論等を包含しながら展開していった。

このなかで、産地形成論において認識される産地形成上の主要因として、気象・土壌等自然的立地条件、市場までの距離等経済立地的条件、生産・販売等を担う組織づくりといった人的・組織的条件等を挙げることができよう[9]。また若林(1980)は戦前からのミカン農業の展開の検証から、その支配的要因として、先駆的経営者のパイオニア・スピリット、生産者グループの組織力、農協のマーケティング等を含む「主体的展開条件」と、消費者動向や需要、農業技術の発展、政策等を含む非農業セクターや政府セクターによる外部からのインパクトとしての「客体的展開条件」を区別している。これら初期の「産地論」において見出された産地形成の要因や原動力は、今日の産地分析においても「一般理論」としての十分な有効性をもつと目される一方、企業的農業経営体の増加、農協共選・共販の役割の相対的低下等「主体的展開条件」、および消費・小売・流通構造の変動や急速な技術革新等「客体的展開条件」の急速な変化は、産地再編の駆動力のあり様について再検討を迫っている。

また、本章の核心をなす産地の変化や再編についても、過去の「産地論」は有用な視角を提供している。1970年代には、農産物生産の量的拡大が飽和するにつれ、各地に形成された産地間でのシェアをめぐる競争が進むなか、いわゆる「産地論」の地位を決定づけた堀田(1974)による産地間競争論は、産地内での生産・

流通における「準内部経済」の追求を契機として、生産地域、単なる産地、主産地、高度主産地へと変遷していく過程を説明している。さらに、生産調整・転作による青果物の生産過剰問題が顕在化する1980年代以降の「産地再編論」の1つに河野（2008）がある。ここでは、農業立地論に立脚し市場からの距離、収量、生産費、価格、運賃率等を組み込んだ地代関数式に基づき、農業生産の地域分化としての産地形成や産地間競争における競争力構造を明らかにしている。ところが、これら産地変化の説明理論は、産地の変遷過程をいわば直線的変化として捉えがちであり、個々の産地の再編を駆動する多様な諸主体の役割や機能を含め、それら各主体間の連携性やコンフリクト等のあり様を捨象してきたといえる。

こうした「産地論」の状況を踏まえた産地再編の理論的彫琢を図る動きは皆無だったわけではない。たとえば大西他（2001）は、1990年代以降の和歌山県の事例を中心に、果実の消費・流通動向の変化に対応した高品質化・差別化、優良・新品種や作目の導入、複合化等、果樹産地再編過程の基本的形態を明らかにしている。また、マーケティング論の新たな知見の産地動向分析への適用を企図した櫻井（2003）は、近年の産地において農家が行う農産物加工や農家民宿等、活動の多角化を理解する上での関係性マーケティング論の有用性を論じている。本章の問題意識・関心に大きく重なるこれらの論考からは、しかしながら、共同販売・系統出荷といった産地販売の基礎的枠組みから「はみ出す」企業的農業経営体の出現・存在や自ら加工・販売を手がける六次産業化事業等、ここ10年ほどの産地内部の「主体的条件」の急激な変化を踏まえつつ、全国的かつ異なる作目の果樹産地再編過程の分析へと敷衍するような理論的・実証的試みは生まれていないといえる。

そこで以下では、前節で概観した主要産地への生産の収束または回帰等、初期の産地形成論が示唆するような自然的条件による産地再編の様相も含めた産地形成・再編の原動力を整理していく。その上で、筆者らが携わってきた果樹産地における六次産業化の類型的理解を今後の産地再編の駆動力としてどう位置づけ、分析・

整理するかという基本論点への接近を試みる。

(2) 産地形成・再編メカニズムの基本的枠組み

伝統産地・新興産地に関わらず一般的に果樹産地が形成される基本的条件は、一定の果樹品目の栽培に適したいわば「天の恵み」としての自然的および地理的条件が、その地域における一定の人文社会的条件と同期した時に形成されると考えられる。したがって、そのためには「天の恵み」の下で、地域における先駆的生産者(リーディング・ファーム)やそれらを支援する関連主体による創意工夫と不断の努力の広範な蓄積が必要となる。それらの蓄積がその地域に歴史的に形成されてきた文化的風土と相まって、当該地域の多くの生産者に地域における恒久的な共有資源・共有財産として認知されてくる必要がある。さらには、そのような前提条件と産地形成の展開を踏まえつつ、農地開発、灌漑施設、農道整備等の土地改良事業や、国や都道府県の農業試験場等における新品種・栽培技術開発等、公的機関による支援の諸施策が産地形成の推進力となってきた経緯もある。このような産地形成・再編の展開のなかで、全国的なマーケティング活動を推進することでブランドや産地イメージを形成し、国家的な共有財産化を各産地は推進してきたといえよう。先行する諸「産地論」を踏まえ再構成し、図1に示した産地形成・再編メカニズムの基本的枠組みの各要素について概説していこう。

(3) 産地形成・再編メカニズムの各要素

① 「天の恵み」(自然的立地要因)

初期の産地形成論でも示されているとおり、気象や土壌を含む栽培環境や市場からの距離といった自然的および地理的条件は、永年性作物である果樹産地の形成条件として決定的な役割を果たすことを確認しておこう。

図１　産地形成・再編メカニズムの基本的枠組み

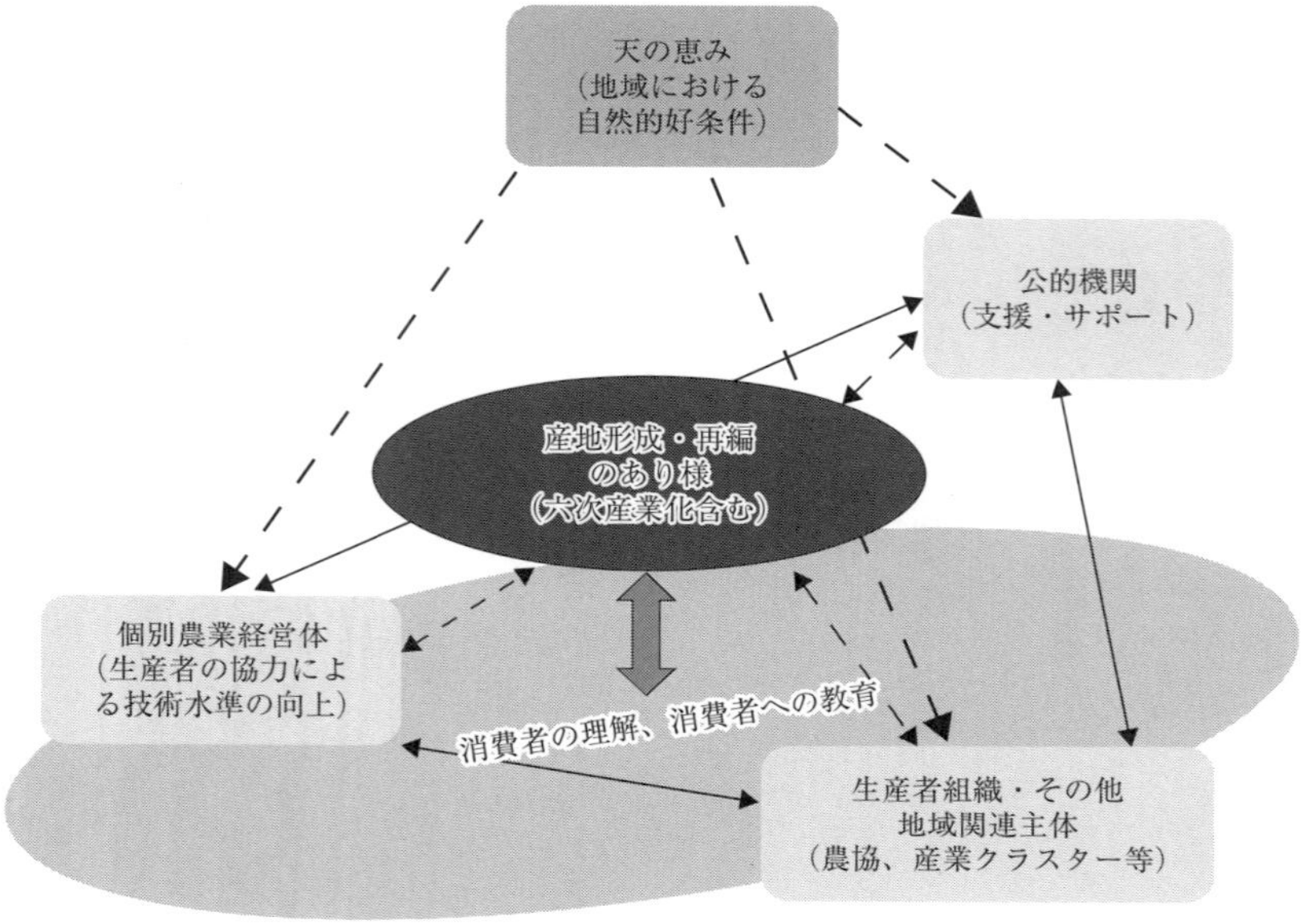

わが国の果樹農業において栽培適地を制限する最も重要な要因は気温と雨量であり、例えば耐寒性の低いかんきつ類は、最低気温がマイナス５～７℃以下となる場所では栽培不可能なため西南暖地に生産地が集中している（農山漁村文化協会２００１）。[10]さらに戦前からのミカンの主要産地である静岡、和歌山、愛媛には、水はけがよい傾斜地、特に日照時間が確保しやすい南西向きの土地が多いといった自然物理的条件のほか、大消費地に近いという社会経済条件等[11]、複数の要因の相互作用としての「天の恵み」により産地が形成されてきたといえる。

同様に、リンゴの産地形成においても複数の自然的立地要因が影響している。リンゴはミカンに比して耐冷性が高く北日本に生産地が多い。とりわけ、２０１０年の結果樹栽培面積で全国の53・9％を占める青森に生産が集中している背景には、明治初期に政府が欧米から導入し全国に配布したリンゴ苗木が暖地ではワタムシによる壊滅的被害を受け、当初寒冷地以外では栽培が定着しなかったこと、逆にその被害を受けなかった青森等では他に有望な商品作物がなく、リンゴを栽培し続けたことで産地としての地位を築いたという経緯がある（農山漁村文化協会２００１）。なお、防除技術の発達やわい化栽培の普及等により、現在では暖地でもリンゴ栽培が可能であるが、主産地としての確立されたマーケティング力の優位性等により、従来からの主産地である青森への集中が進んでいると考えられる。

このように、気象、土壌、生物的条件等狭い意味での自然的条件のみならず、市場への距離、技術の発展度等の社会経済的条件との相互作用も含めた「天の恵み」は、常に産地形成・再編の駆動力であることを認識しておくべきである。

②個別農業経営体のスタンスと地域全体の共有ビジョン確立

上に述べた自然的立地要因を前提としつつ、産地形成・再編過程においては、地域に多様なスタンスを持つ多数の個別農業経営体が存在し、異なるスタンスを乗り越えて産地としての共有ビジョンが確立されることが欠かせない。地域に存在する各経営体のスタンスは、労働力、土地やその他資産、経営者能力、関連主体との関係（ネットワーク）等の経営諸資源のあり様、圃場の立地等[12]において千差万別である。

しかし産地形成・再編にあっては、こうした経営体個々のスタンスの相違を前提としつつも、産地として支えていくための地域全体を貫くビジョンが共有される必要がある。そのためには、後述するように個別経営体間の連携・ネットワーク化や、産地として地域全体をガバナンスする強力な主体の形成も必要となり、主に流通、マーケティングやブランディングを担う農協や地方行政がその中心的な役割を果たすことになる。また、最近の産地再編の文脈においては、一部の先進的農業経営体が産地内で企業的農業経営体へ飛躍[13]し、または企業的農業経営体の枠組みを備えて発展するためにも、地域内の他の家族経営を中心とした個別農業経営体との連携が必須であり、[14]その意味でも地域におけるガバナンス主体の役割は決定的に重要である。

③生産者組織・ネットワーク・地域関連主体の役割

次に、当該地域における産地形成・再編過程における生産者組織や多様な農業経営体ネットワーク、地域関連主体等の役割について検討しておこう。

産地形成・再編においては、やはり生産者組織としての農協が重要な役割を担うことになる。特に産地形成・再編においては、当該作目部会が産地としての共通の地域ビジョンと方向性を生産者に持たせる役割が期待される。その上で、様々な生産資材の調達や統一的でかつ一般的な栽培技術の普及、共選・共販を前提とした出荷基準の策定と検査、プール計算方式、流通・マーケティング対応等が図られ、産地の高度化[15]を担うことになる。また、農協共販が十分に高度化されていない場合や遅れている場合は、産地商人や産地ブローカー等が補完する場合もあろう。特に、当該作目の集積が進んで産地化が図られている場合でも農協の対応が遅れているところでは、産地商人や産地ブローカー等が地域産業クラスターの形成に重要な役割を果たす場合もある。さらに、産地としてより進んだ地域においては、農協が都市部の市民生協[16]と産直事業を展開しつつ安定した出荷を図ることもある。このような展開が高度化すれば、産直事業だけに留まらない農協を中核とした異種協同組合間協同事業に発展する可能性も展望できる。[17]その上で、中長期的な展望としては一定の地域ビジョンの下で地域における農業生産諸資源の保全と継承を図ることが地域の産業的目標ともなる。

④産地形成・再編に向けた行政や公的機関による支援

次に産地形成・再編における行政はじめ公的機関による支援についてさらに検討しよう。まず、先に触れた国営、県営等の農地開発や灌漑事業等の土地改良事業、各地の農業試験場等による品種育成なども、産地形成・再編を一定程度補完・支援する機能を果たしてきたといえる。同様に、品質向上や省力化、地域資源の節約に供せられるICT化を含む生産技術の開発・普及制度や、地方自治体による都市部の消費地へ向けたブランド化や販促活動も、産地形成・再編の重要な駆動力を果たしてきた。

また、産地に存在する多様な農業経営体の経営安定に資する地域諸制度の施策の整備と実施も、産地形成・再編を支援する重要な要件である。この経営安定に資する地域諸制度に関しては、単なる補助金としての性格を超えた地域投資的意味合いが重要となってこよう。

このように、行政や公的機関の行う様々な支援の方向に関しては、「攻め」と「守り」の両面をにらみつつ、それらのバランスを図っていくことも産地形成・再編過程においては考慮していく必要があろう。

⑤消費者の認知と理解、消費者へのアプローチ

産地形成・再編を最終的に可能にするのは、消費者による購入・消費行動である。つまり産地が形成・維持されるためには、地域で栽培される作目が消費者に認知、理解され、当該産地において多様な農業経営体が持続可能な価格水準[18]で継続的に購入・消費され続けられる必要がある。したがってその過程で、農協や生産者組織、その他行政も含めた産地の各種主体から消費者に向けた販促活動[19]、消費者の理解や認知を助ける教育などの取り組みも重要となる。

4 産地再編の駆動力としての六次産業化

（1）産地再編を駆動する六次産業化の特質

流通や小売構造の変化や栽培・流通技術の革新等産地をめぐる外的条件[20]の変化や、生産者の高齢化や担い手不足の深刻化の一方での企業的農業経営体の出現・存在等産地を支える主体的条件の変化は、「産地論」の前提の再考を必要としよう。ただし、２００６年には農協組織（総合農協および専門農協）は主要果実の出荷量の77％を扱い[21]、２０１０年には主要果実の卸売市場経由の流通量は67％を占めたことからも、これまでの産地における農業の基礎構造は現在も十分に有効な前提条件であるという認識を踏まえつつ産地再編を検討していく必要がある。

このような状況で産地再編の駆動力として最も注目すべき動きとして、農業における六次産業化が挙げられる。先に述べたように六次産業化は、小規模な個別家族経営体の集合的努力とそれを束ねる農協組織を基本的構造としてきた産地の枠組みに収まらないという意味において、新規性のある取り組みである[22]。特に果樹の技術的、商品的特質[23]を踏まえると、果樹農業においては、生産物を青果として農協共販等を通じて販売することのみならず、出荷量調整や付加価値づけのための加工という観点からも、六次産業化の位置づけがある意味で従来から重要であったともいえる。しかしながら、果実の加工はこれまでも産地の再編過程で模索・実践されてきたものの、生産者自らが加工、流通、販売を行うことで高度な付加価値化と価格決定権の把握を図る今日の六次産業化は、「すそ物」の二束三文での販売といった加工原料供給とは一線を画する性質を有しているといえるだろう。そこでここでは、果樹産地において産地再編を駆動する加工をはじめとした六次産業化事業の理念的類型化を、具体的事例の分析を前提として表1のように提示しつつ、それらが産地再編をどのように駆動しうるかに関して検討してみよう。

なお、すでに述べたように、果樹の有力産地において様々な六次産業化を行っている経営体が実際に出現・存在している。これらを産地形成・再編の駆動力として捉える場合、一義的にはリーディング・ファームとしての個別経営体の努力と捉えることができよう。しかしながら、すでに議論したように産地形成・再編においては、普遍的な要素としての自然的条件に加え、生産者組織や政府・公的機関による努力が重要な役割を果たしており、個別経営体の努力を他の要素との連関のなかで捉える必要がある。また、実際の六次産業化事業は、あくまで既存の大小の産地のなかで展開しており、一定程度確立された産地としてのブランド基盤の上に展開してきた以上、関係組織やネームバリューとの関係を無視して事業を理解することはできない。したがって以下では、まず各理念型の六次産業化事業の展開を規定すると想定される要素を明らかにした上で、先に論じた産地再編のメカニズムに引き付けつつ、これら産地再編を駆動する六次産業化事業の各理念的類型がどのように産地再編の過程に貢献できると想定されるかを検討・整理する。

（2）六次産業化の方向性を規定する要因

まず、上記の六次産業化事業の理念的類型を規定づける要素（差異）を具体的に検討していこう。

第一に、六次産業化に取り組む農業経営体が栽培する「栽培作目による差異」が想定される。一般に、温州ミカンやリンゴに代表される果樹作目では、青果は生食での消費を前提に栽培、選別、出荷される。この種の果実は、一般的に糖度を中心とした一定水準を満たす品質規格を満たすものが市場に向けて出荷される。こう

表 1　果樹産地再編の原動力となりうる六次産業化事業展開の理念的類型例

六次産業化展開の理念的類型	想定される作目と 六次産業化展開の特徴	想定される産地の特徴
①生食王道追求型 [1]	高品質化を ICT を含む様々な新規技術の導入等により、従来以上に徹底して追及した生食用果実生産と、その品質を生かした直売やインターネット販売を含む独自販売	主要生食用果実の大規模産地
②ニッチ加工追求型 [2]	生食用果実の規格外品を利用したニッチな生鮮ジュース等を独自手法により加工	主要生食用果実の中小規模産地
③食のエッセンス追求型 [3]	料理のエッセンス・スパイスとして利用される特産果樹類（柚子、スダチ、カボス等）	小規模な特産果樹の産地
④加工王道追求型 [4]	加工された最終製品において高い潜在力を担保することを前提に栽培される果樹類（ワイン用ブドウや梅等）	加工用果実、生食・加工兼用果実の産地
⑤サービス事業展開型 [5]	レストラン、ホテル、農業体験等農業生産・加工・販売と関連した多様なサービス展開	観光資源を有する産地 都市からの交通の利便性が高い産地

注 1：当類型の具体的事例としては、和歌山県有田市で、精密農業やマルチドリップ栽培を取り入れて高品質のミカンを生産してインターネット等を通じて消費者に直接販売するともに、高品質果実を使った高級ミカンジュース等を開発、販売している「早和果樹園」が挙げられる。

2：当類型の具体的事例としては、和歌山県田辺市において、無添加、無調整のジュース工場を設立し、温州ミカン、ポンカン、三宝柑、清見オレンジ、デコポン等多彩なラインナップのジュースを製造するほか、隣接する直売所や地域内の農業体験型宿泊施設等での販売も行う株式会社きてら「俺ん家ジュース工房」が挙げられる。

3：当類型の具体的事例としては、徳島県那賀郡那賀町において、無農薬・無化学肥料の特別栽培をした柚子青果をインターネット等で直接販売するほか、手搾り、非加熱で冷蔵販売する果汁やマーマレード、柚子茶等高価格帯の多様な商品を開発し、百貨店等で販売している「黄金の村」が挙げられる。

4：典型例として、戦前からの生食用ブドウの産地である大阪府南大阪地域で、地域で生産されるデラウェアをワイン原料として利用して地域農業の維持を図りながら、自社ブドウ園でビニフェラ種ブドウの栽培に挑み続けている「飛鳥ワイン」が挙げられる。

5：当類型の具体的事例としては、石川県金沢市において、家族経営のブドウ園から、カフェやレストラン等の飲食部門やブドウ園での結婚式場等三次産業部門を展開し、さらに海外を含む他産地の農産物を購入しての加工品の製造委託、アンテナショップやデパートでの販売等、多角的な経営を行っている「ぶどうの木」が挙げられる。この理念的類型は実際の果樹産地に出現したものではないが、類似の六次産業化事業が産地再編を駆動する可能性があると考えたことから、これを提示した。

した生食用果実の産地における六次産業化の一つの展開方向として、①生食王道追求型が想定される。この類型では高品質の生食用果実の生産が基盤となる。すなわち、自然条件にも恵まれた旧来からの産地において、高い技術で生産し選抜された高品質品を、インターネットなど独自の経路でプレミアム価格で販売することを基本とする。さらに、高品質果実を前面にした加工にも取り組む。こうした経営体において、六次産業化の進展とともに販売規模が拡大すれば、地域内の他の経営体から同様に高品質であることを前提に、原料となる果実を仕入れる場合も想定される。こうして六次産業化に取り組む農業経営体を核とした産地再編が進められることが考えられる。

他方、①の場合と同じような生食向け果実の産地では、これまで市場出荷できない規格外品は一般的なジュース等の加工向け販売か廃棄を余儀なくされることが多かった。しかし今後新たな方向として②ニッチ加工追求型の六次産業化展開からの産地維持・再編が考えられる。この類型では季節・産地・希少品種限定、成分無調整・無添加等のジュース等、ユニークでニッチな付加価値をもつ加工品を製造販売する事業展開が想定される。さらに後述の「産地の立地の差異」という要素を加え、道の駅等の集客の見込める施設で高付加価値の「ニッチ」加工製品を販売するといった展開も考えられる。

次に、①や②で利用される生食用果実ではなく、柚子、スダチ、カボス等、通常は主に外観を基準として選果され出荷される「特産果実」を使った③食のエッセンス追求型の六次産業化事業展開からの産地再編が考えられる。柚子等の果汁や果皮を利用し香辛料的な使い方を前提にし、かつ独自性や希少性が高い加工品（例えば非加熱果汁、果皮オイル等）により、通常の青果の価値を大きく上回る付加価値販売を図るといったものである。こうした製品は、外食や一般家庭でも個々人の少量消費を前提に、高級化、付加価値化を図るもので、一般に廉価で取引される加工用ミカン等と異なり、一定の価格水準を達成することが可能となる。特産果実の産地としては青果の出荷を基盤にしつつ、高価格帯製品を中心とした食のエッセンス追求型の六次産業化事業を展開することで、産地のブランドイメージ向上に資する効果が期待できる。このように、消費側の果実の消費特性により加工処理し、高付加価値化を目指す品目に対する六次産業化として類型の③が想定できる。

第二に、「加工処理目的による差異」が考えられる。ワイン用ブドウや梅、茶葉は最終製品としてのワイン、梅干し、茶を生産するための前段階として、農業生産が位置付けられる。これら品目の産地では、④加工王道追求型の六次産業化を想定できる。例えば④での産地再編が想定できるブドウ産地では、最終製品としてのワインの品質ポテンシャルを高度化するための独自な栽培方法により、ワイン用ブドウの栽培に取り組む農業経営体を地域において育成し、産地としての維持を図っていくことが想定される。ただし、このように想定される産地においても、地域内に存在してきた生食用ブドウの規格外品を優れた醸造技術によりワインとすることで、地域農業を維持していくという従来型の対応も同時に必要と想定される。この種の六次産業化の理念型の場合、最終製品の品質水準は加工技術もさることながら基本的には加工原料としての当該農産物の品質に大きく左右されることになる。すなわち、原料となるこれら農産物は、その青果や果汁等の形態や性質とは大きく異なる形態に加工された後、最終的に発揮される品質の高度化を目的に青果生産がなされる。したがって、これら加工品に関しては、最終製品における品質格差が大きく、それが価格にも大きく反映されると想定できる。

第三に、「産地の立地による差異」である。都市部から離れた遠隔地においては、果樹生産を主体に加工・販売を考慮する方向が一般的であるが、都市部に近い果樹産地においては、⑤サービス事業展開型の六次産業化（観光農業を含む）の理念型で産地再編を図る方向が想定できよう。また、ワインツーリズムに代表されるように、この種の六次産業化に取り組む農業経営体が産地内に集積していると想定される場合、それらの個別経営体をめぐるツアー、食事の提供、関連グッズの販売等、様々なサービス事業が当該地域において展開されることで産地再編が進められることが想定される。以上のように、産地が位置する立地の差異により、想定される事業展開の方向の広がりに大きな差が生じうると考えられる。

(3) 六次産業化の理念的類型における産地再編の駆動要因

次に、六次産業化展開の理念類型と果樹産地再編の動きの関連を、先に述べた産地再編のメカニズムの各要素に照らしながら検討してみよう。

①「天の恵み」(自然的条件)

果樹産地の形成・再編過程において、自然的条件は普遍的な駆動力であり規定要因と考えることができる。六次産業化の理念型においても、これまでの産地形成に影響してきた自然的好条件のもと、産地として積み重ねてきた高度な栽培技術を合わせ、高品質の農産物の生産による経営展開を図ることが想定される。一方で、果樹農業の特質上不可避な規格外品の加工処理による商品化や、果樹栽培に特有の「旬」の限界を突破し、加工やサービス化等で所得獲得機会の周年化を図ることによる所得の増加等、規定要因としての自然的条件を克服する試みも想定される。

②個別経営体の努力

一般に果樹産地においては、農協共販体制下で平準化された栽培技術で多くの農業経営体が生産対応を行うが、技術の平準化は所与のものではなく、リーディング・ファームが実践している高度な栽培技術や不断の経営改善努力を一定の条件として、産地間競争等産地をめぐる環境の変化に対応してきたといえよう。ただし、

表1の諸理念型においては平準化技術に満足せず、加工を含む独自技術をベースとして商品を生み出したり、サービス事業と結びつけ、これらを独自に売るため農協共販体制から独立し、販促やマーケティング、販売先（顧客）管理、帳合、クレーム処理等を自ら行ったり、直売所やインターネット販売に乗り出すことも想定される。過去の独自技術による商品の品質差が消費者に認知されて販売が一定程度順調に進めば、共販に依存するよりも高い収益を期待できる場合も想定できる。こうした六次産業化事業を具体的に行う経営体は、従来の共販体制から独立可能という意味において産地の枠組みからはみ出しうるユニークな存在である一方、産地のブランド力等を利用して事業を展開し、さらにそれを維持・向上させる力を有するという意味においては産地再編の駆動力となることが想定されよう。こうした経営体が自らの事業展開に当たって産地の諸資源にいわば「フリーライド」する可能性は否定できないが、こうしたことを避けるために生産者組織等が中心となって共有資源としての産地のビジョンを構築していく必要があろう。

③生産者組織・地域関連主体の努力

これまでの「産地論」で、産地形成の初期においては産地商人といった産地外部の主体が流通の担い手としての役割を担うが、農協が共選・共販体制を徐々に確立するにつれて生産者をまとめ、出荷規格の統一等を通じた品質の向上や、いわゆる「規模の経済」の発揮により、川下の主体に対する交渉力を獲得し、産地としての地位を確立・維持してきたことが議論されてきている。また、行政の政策的支援による集出荷施設等の産地の販売基盤を所有・運営する主体としても、農協は大きな役割を担ってきた。その意味で、戦後の産地の形成・再編において、農協は最も重要な駆動力として機能してきた主体であるといっても過言ではない。

ところが先に述べたように、今日では六次産業化事業を展開しているリーディング・ファーム等が共販の枠組みからはみ出しうる活動を行っており、生産物の確保や販売において、農協共販組織と競合する場面も想定される。産地で展開する六次産業化事業体が、生産者組織が蓄積してきた産地のネームバリュー等有形無形の資源を活用しながら経営を展開している以上、従来からの産地の枠組みが弱体化することは、こうした事業体にとって結局は不利益となると考えられよう。

こうした状況を踏まえると、六次産業化を進める個別経営体の存在する産地において、農協をはじめとする生産者組織と個別経営体は、生産や販売における協調や協同は無理としても、共有資源としての産地のあり方やイメージ、いわば産地としてのビジョンづくりにおいて、少なくとも共同歩調を取ることは追求される必要があろう。今後の産地再編の駆動力としての生産者組織の機能には、共販のみならず多様な主体の意向を調整して、産地が共有しうるビジョンの構築を側面支援することが求められよう。

④行政の支援

これまで行政は、国営事業による農地開発、補助事業による出荷・流通基盤の整備、改植の支援、また育種や栽培管理の研究開発等、産地形成・再編において重大な役割を果たしてきたといえる。同様に、六次産業化事業を展開する経営体に対しても、法令、補助金、ファンド等様々な支援を行ってきている。こうした支援が続く限りにおいて行政は、今後、六次産業化事業を契機とし駆動されていく産地再編においても、重要な役割を果たしていくことは当然といえよう。ただし、行政による支援の具体的なあり方は今後整理・検討されていく必要があろう。特に行政が関与しうる産地再編の駆動力として無視することができないのは、消費者の果樹農業に関する理解をどのように深めていくのか、という点である。わが国の果実消費が文化的な要素と強く結びついている事実を踏まえると、果樹農業が日本文化において果たすべき使命「ミッション」について、教育等を通じて国民一般への理解を深める努力が行政に求められているといえよう。

⑤消費者動向の理解

④で述べたように、今日の果樹産地の再編において、消費者の動向は「自然的条件」と同様に普遍的で無視しえない駆動力となっている。消費者への直接販売、インターネット販売、サービス事業との融合等を行う六次産業化事業の場合、消費者の反応を直接的に商品開発につなげられるという意味において、また独自商品の価値と産地のイメージを結びつけることで産地のブランドイメージを効果的に高めることができるという意味において、駆動力としての消費者動向はより強い影響力を及ぼしうるといえる。行政による支援の一環として消費者の果樹農業への理解を深める必要性について検討してきたが、こうした努力は行政のみに任せられるべきでなく、共有された産地ビジョンの下、生産者組織や六次産業化事業体を含む多様な個別経営体の共同努力として担われる必要があろう。

5　産地再編と新たな形成に向けての戦略的課題

わが国における果樹産地の再編に関しては、生産から消費にいたる全てのフェーズについて「産地」の意味をまず再認識する必要がある。そのためには、すでに示したように「天の恵み」として位置づけられる地域における自然的好条件の下、多様な個別農業経営体における生産者の努力に基礎づけられた技術水準の不断の向上を前提とした生産活動と、「産地」として位置づけられる地域のシンボルとしての農協共選・共販体制(24)や関連主体間等における地域内外におけるネットワーク構築・推進活動や販促活動とが可能な限り協調・同期することが求められる。そして、それらの活動が、同時に公的機関の様々な支援活動と協調・同期することで、産地再編のあり様が六次産業化の方向も踏まえつつ具体化されるといえる。そこには、食文化的な意味合いにおいて「産地」を認識する広範な消費者の存在が不可欠であり、それを条件づけるために様々な年齢階層の消費者に対して、そのような認識を持続・拡大するための販促活動を主体とした不断の教育的働きかけが重要となる。

その意味では、当該産地が目指すべき姿としてのビジョン（目標）と、それら「産地」が存立し、消費者・地域・国に対し一定の文化的価値を提供する理由・役割といったミッション（使命）とを、地域における多様な果樹作経営や様々な関連主体間で共有できるかが重要となる。その際、六次産業化のあり様も含め、加工、サービス等を含む地域としての付帯事業のあり様とそこにどれだけの資源（土地、労働、資本、情報）を投入するかを、「産地」として位置づけられる地域における農協や関連組織、多様な個別経営体それぞれにおいて一定の方向性を持って認識し決定することが求められる。特に、「産地」再編においては、農協共選・共販体制の不備や間隙を効果的にカバーし、地域内資源を無駄にすることなく有効に活用することが極めて重要であり、それらの側面において産地ブローカーや産地商人等の果たす役割も十分に留意しておく必要がある。

さらに、都市部を中心として意識の高い消費者を多く組織している市民生協や新たな集出荷組織等との連携・ネットワーク化を図ることで、消費者や消費地域において「産地」を認識させる教育的活動を継続的に実践しつつ、いわゆる産直事業を超える異種協同組合間協同の可能性を追求していくことも重要となる。

これらの取り組み・活動等の究極の目標は、「産地」として位置づけられる地域における農地や担い手を中核とした農業生産諸資源を次世代に維持・継承するという方向を、地域全体のビジョンの下で地域に存在する多様な農業経営体それぞれの個別目標と整合させることである。そして、それら多様な農業経営体それぞれが地域において健全に農業を担うことができ、それぞれの目指す方向に経営が展開・発展することが極めて重要となろう。

6 おわりに――新たな「産地論」の構築に向けて

本章では、わが国の果樹産地に焦点を当て、「川上」から「川下」までを含めた産地をめぐる諸情勢を明らかにした上で産地再編のメカニズムを検討し、既存の理論的・実証的成果に基礎を置きつつ、新たな「産地論」の構築に向けた諸課題を整理してきた。

本章での検討を踏まえて特に強調しておきたいのは、近年農産物の消費、小売、流通構造は急激な変化を遂げてきたとはいえ、消費者に果実や野菜を安定的に供給し続けるわが国の果樹園芸産地の意義は、今改めて認識されるべきであるという点である。しかしながら、果樹産地をめぐる客体的および主体的条件の変化は、従来からの農協共販を基本とした産地の枠組みだけでは捉えきれない現象を伴っていることも事実である。すなわち、高齢化や担い手問題が深刻化する一方で、企業的農業経営体や六次産業化に取り組む経営体が出現・存在し、生産、流通から消費までの各局面における技術革新も取り入れつつ経営展開を図ってきているという今日的状況は、「産地論」における新たな分析視角とそれに基づく実証的検証を要請しているといえよう。

このような新たな「産地論」の構築の必要性に応える試みである本章は、再編過程にある果樹産地において出現・存在している、いわゆる六次産業化事業経営体を理念的に類型化し、これらが他の関係主体とともに今後の産地再編の駆動力としてどう機能しうるのか、産地再編のメカニズムに照らし合わせて展望を提示した。しかし、いくつかの実際の具体的事例の検討を前提に構築した六次産業化の理念的類型は、多様な自然的条件、社会経済的条件、関連主体の組織的条件の相互作用として生じる多数の果樹の産地再編を網羅的に捉えるには至っていない可能性がある。したがって、今後、他の果樹や野菜を含む様々な農産物産地から多様な類型を抽出して分析視角の充実を図るとともに、六次産業化事業が生み出す産地再編の潮流を実証的に検証することで、産地がわが国の農業資源や食文化を持続的・発展的に継承していく上で果たしていく役割や意義を明らかにしていくことが必要となろう。

［付記］本章は、小田滋晃・坂本清彦・川﨑訓昭・長谷祐「わが国における果樹産地の変貌と産地再編――新たな「産地論」の構築に向けて――」『生物資源経済研究』第20号に加筆・修正を行ったものである。

注

（1）永年性作物で旬がある、地域性が強い、糖度に代表される商品の質が特に重要である、手作業が中心で機械化が困難であるといった点が果樹栽培の特質として挙げられる。

（2）例えばミカンの栽培面積において、１９５０年の生産上位５県のシェアは約59％だが、１９７０年には約50％、１９９０年には約53％、２０１０年には約60％となる。

（3）たとえば、日本ナシでは１９５０年に上位5生産県の栽培（結果樹）面積の割合は約34％だったが、１９７０年には45％となり、２０１０年には43％となっている。モモ（１９５０年：47％→１９７０年：59％→２０１０年：74％）、カキ（１９５０年：44％→１９７０年：28％→２０１０年：41％）、梅（１９５０年：45％→１９７０年：32％→２０１０年：46％）と、近年上位県への集中が進む傾向が見て取れる。

（4）この具体的事例としては、岡山の白鳳モモ、鳥取の二十世紀ナシ、和歌山の南高梅等が挙げられる。
（5）この具体的事例としては、京都府の茶葉生産とその関連業や、和歌山県南部の梅生産とその関連業が挙げられる。地域産業クラスターに関しては、小田他（2007）を参照。
（6）果樹栽培は労働集約的な性格が強く、ミカン等の主要産地に多く見られる傾斜地での栽培はより多くの労力を要するため、高齢者では管理が徹底できず、園地が荒廃化したり、果ては廃園化を余儀なくされたりする。
（7）2000年度の83％から2010年度の67％へと減少しており、卸売市場におけるせり取引は2010年で約2割ときわめて限られている（農林水産省2014）。そのため、価格は川上と川中・川下との相対取引でおおむね決定されている。
（8）一般的に、外観（色・傷・病気・サイズ）を計測する形状センサーと、味（糖度・酸度・浮き皮・す上がり）等の内部品質を計測する光センサーとで構成されている。
（9）武部（1993）による整理。
（10）単純な最低・最高気温のみならず、果実成熟に必要な積算気温や着色を促す温度低下等、果樹生産の制限要因としての温度は果樹の生理生態との関連で複雑な形で作用する。
（11）愛媛は大消費地からは離れているが、この点を生産者組織の努力等によって克服し一大産地となったという経緯がある。
（12）例えば、平坦地、緩傾斜地、急傾斜地のどれに立地しているか、傾斜地の場合はどの方角を向いているか、どの程度集積されあるいは分散化しているか、等である。
（13）詳しくは、小田他（2013）を参照。
（14）詳しくは、小田他（2013）を参照。
（15）詳しくは、堀田（1995）を参照。
（16）市民生協はこれまでも通常のマーケティングの範囲内で、産地指定や産地交流等の事業を行ってきている。
（17）例えば、医療福祉生協や商店街振興組合等と連携し、農産物を中核とした何らかの共同事業を行うことにより従来にはない新たな付加価値の創造を図ること等が想定できる。
（18）年々の変動はもちろん存在するが、そのような場合であっても、その一部は価格政策も含め行政の支援により抑えられる必要がある。
（19）個々の生産者、生産者組織、農協は従来からアプローチは行ってきていたが、卸売市場や産地商人段階までのアプローチに留まるものが多かった。

(20) これら条件に類似するものとして、若林（１９８０）で示されている客体的条件がある。

(21) 農林水産省「青果物出荷機構調査報告書」による。なお、農協組織以外の他の出荷組織には任意組合、集出荷業者および産地集荷市場がある。

(22) このような動きは従来からも存在はしていたが、農協共販の動向に隠れていたといえる。

(23) 具体的には、収穫の集中、不揃い・規格外品の発生、傷みや腐敗等商品劣化の早さ等が挙げられる。

(24) 地域におけるその他の類似の組織・体制も含む。

引用文献

[1] 大西敏夫・辻和良・橋本卓爾『園芸産地の展開と再編』農林統計協会、２００１年

[2] 小田滋晃・伊庭治彦・香川文庸「アグリ・フードビジネスとツーリズム・テロワール——「新ネットワーク」論に基づく地域産業クラスター研究の今日的課題」『生物資源経済研究』第13号、２００７年

[3] 小田滋晃・増渕隆一編集担当『日本農業経営年報No.7　農業におけるキャリア・アプローチ——その展開と論理』農林統計協会、２００９年

[4] 小田滋晃・長命洋佑・川﨑訓昭編著『農業経営の未来戦略Ⅰ　動きはじめた「農企業」』昭和堂、２０１３年

[5] 小田滋晃・長命洋佑・川﨑訓昭・坂本清彦編著『農業経営の未来戦略Ⅱ　躍動する「農企業」ガバナンスの潮流』昭和堂、２０１４年

[6] 河野敏明『農業立地変動論：農業立地と産地間競争の動態分析理論』流通経済大学出版会、２００８年

[7] 櫻井清一「産地マーケティング論の新展開——関係性の視点から」『千葉大学園芸学部学術報告』57　１０７~１１９頁、２００３年

[8] 武部隆「産地論」長憲次編『農業経営研究の課題と方向』日本経済評論社、１９９３年、２４６~２６７頁

[9] 農山漁村文化協会編『果樹園芸大百科18　果樹共通技術』農山漁村文化協会、２００１年

［10］農林水産省『果樹をめぐる情勢』２０１４年 http://www.maff.go.jp/j/council/seisaku/kazyu/h26_1/pdf/05_data3.pdf
［11］堀田忠夫『産地間競争と主産地形成』明文書房、１９７４年
［12］堀田忠夫『産地生産流通論』大明堂、１９９５年
［13］若林秀泰『ミカン農業の展開構造――未知への挑戦』明文書房、１９８０年

第2章 農協が切り拓く環境激変期の産地活性化
――産地と消費を結ぶ流通機能に注目して

尾高恵美

1 はじめに

農協は、農業の生産から販売まで、バリューチェーンの各段階を通じて、農業者を支援している。本章では、そのなかで産地と消費を結ぶ流通に注目して、産地活性化における農協の役割について考察する。

一般に、流通の社会的機能とは、やや抽象的だが、生産と消費との間のギャップ（「へだたり」ともいう）を解消することとされる(1)。例えば、産地と消費地が異なるという空間のギャップは輸送によって解消される。また、農業者が出荷する時期と消費する時期が異なるという時間のギャップは、貯蔵によって解消される。さらに、収穫した農産物には幅広い規格のものが含まれているが、消費者が購入する規格数は限られているという「価値のギャップ」がある。規格が異なれば、価格すなわち価値が異なるため、このように表現される。価値のギャップは、多様な規格を多様な実需者や消費者のニーズに合わせて振り分けることにより、解消される。近年、食料消費の大きな変化により国内生産とのギャップが生じたことが、農産物輸入増加の一因となったと考えられ、ギャップの解消は国内産地の大きな課題となっている。

以下では、食料消費の変化として、農産物輸入の増加と関連のある外部化と周年化に着目し、それによって生じたギャップを整理する。そして、産地活性化の取組事例により、ギャップ解消における農協の強みについて考察する。

2　食料消費の変化による国内生産とのギャップ

ここでは、食料消費の外部化と周年化によって生じたギャップと、それを解消するための産地の課題を整理する。

(1) 食料消費の外部化により拡大した「価値のギャップ」

1970年代後半から80年代にかけて食の外部化が急速に進んだ。食の外部化は、食品製造業者や外食業者の食材需要を拡大させ、食材輸入増加の一因となった。小林（2012）により野菜についてみると、食の外部化により、2010年の野菜需要に占める加工・業務用の割合は56％と過半を超えている。加工・業務用で使用される野菜では輸入品の割合が30％と高く、家計消費用の2％に比べて著しく高い。

図1　加工・業務用レタスと家計消費用レタスの違い

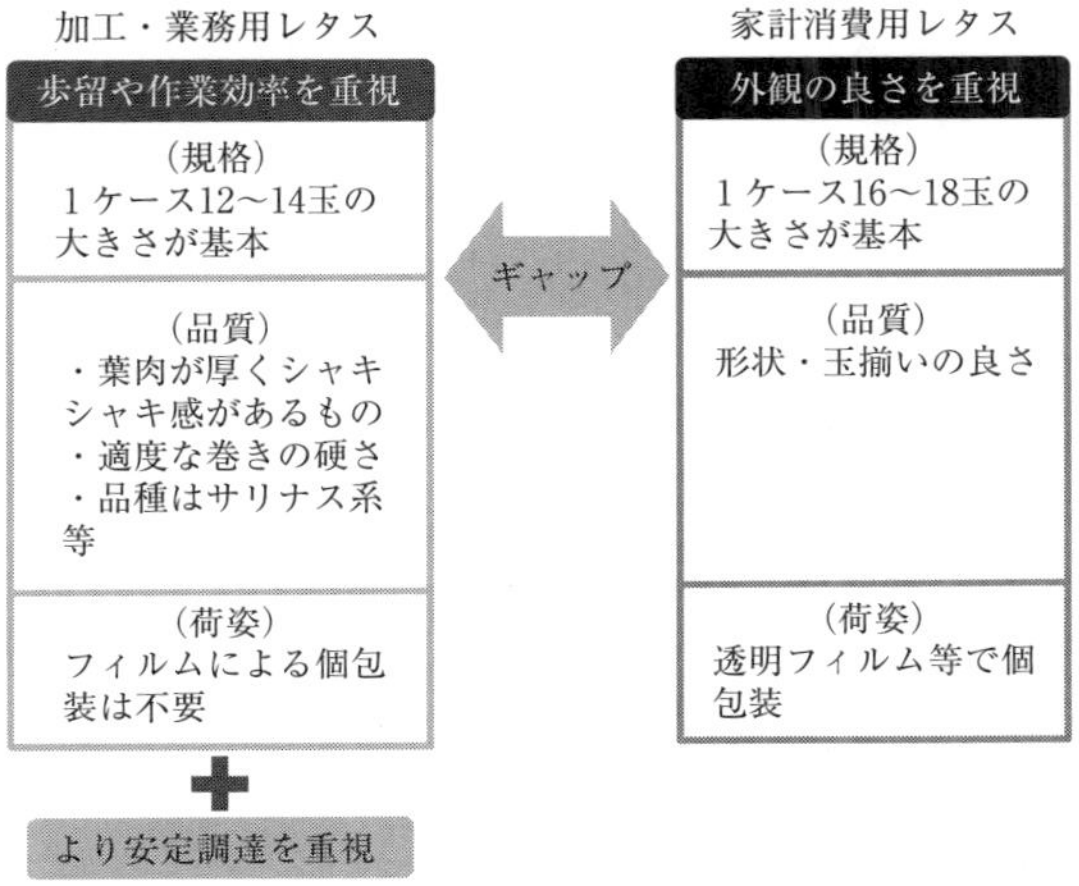

加工・業務用レタス
歩留や作業効率を重視
（規格）
1ケース12～14玉の大きさが基本
（品質）
・葉肉が厚くシャキシャキ感があるもの
・適度な巻きの硬さ
・品種はサリナス系等
（荷姿）
フィルムによる個包装は不要
より安定調達を重視
ギャップ
家計消費用レタス
外観の良さを重視
（規格）
1ケース16～18玉の大きさが基本
（品質）
形状・玉揃いの良さ
（荷姿）
透明フィルム等で個包装

資料：日本施設園芸協会「加工・業務用需要への取組に向けた『品目別・用途別ガイドライン』（改訂版）」より作成

輸入品の割合が大きく異なる背景には、価値のギャップがある。食品製造業者や外食業者が求める野菜の取引条件は、規格をはじめとする商品性や調達の安定性の面で、国内産地が主なターゲットとしてきた家計消費用野菜とは大きく異なっているのである。

具体的には、規格や品質といった商品性について、カットサラダをはじめ業務用で使用されることが多いレタスを例にみると、家計消費用では外観が重視されるが、加工・業務用では歩留まりや作業効率が重視され、家計消費用に比べて大きなサイズが求められるという違いがある。

また、農産物は天候変動の影響を受けて、収穫できる時期や数量が安定しない。このため、卸売市場に入荷される野菜の数量や価格は大きく変動する。家計消費用の流通ルートである小売業者は、販売価格をある程度変更することで卸売価格の変動に対応している。しかし、食品製造業者や外食業者では、販売価格の変更が難しい上、稼働率を維持する必要があるため、契約した時期に、契約した数量を、契約した品質と価格で安定的に調達する

図２　レモンの月別入荷量

（2012年、東京都中央卸売市場）

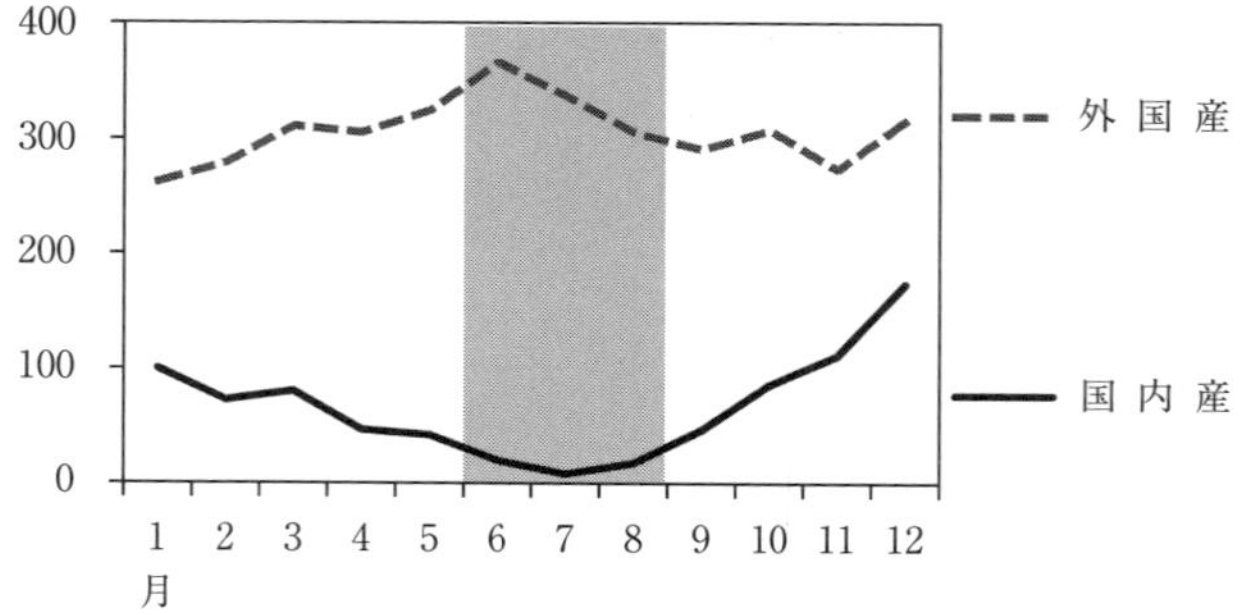

資料：東京都中央卸売市場「市場取引情報」より作成

注：網掛けした６～８月は、国内におけるレモンの最需要期

ことを重視している。

このような取引条件を満たすためには、家計消費向けの一部を出荷するのではなく、生産段階から加工・業務用に特化した対応が求められている。

(2) 消費の周年化により拡大した「時間のギャップ」

食料消費の周年化については、野菜を中心に、国内産地における施設栽培、貯蔵や広域流通システムの確立、さらには輸入の増加など供給体制の変化を伴いながら、いわゆる旬以外の季節に消費する割合が増えてきた（柳本ら１９９８、１９９９）。

野菜に比べると果実の消費は季節の偏りが大きいが、国産果実もリンゴをはじめとして消費の季節性は薄らぐ傾向にあり、次に述べるレモンでも周年化が進んでいる。

少し詳しくみると、国産レモンの出荷時期は施設栽培を含めて9月から4月までである。夏期はレモン消費のピークだが、国産の端境期となり、東京都中央卸売市場における国産レモンの入荷量は6～8月に極端に少なくなる（図2）。出荷が多い時期と消費が多い時期が異なるという時間のギャップが生じている。その間隙を埋めるように、6～7月に外国産レモンの入荷量が増えている。

食の安全安心への関心の高まりを背景に、安全性と鮮度の面で優位性がある国産果実には根強いニーズがある。貯蔵できる施設や腐敗を抑制する技術等、端境期での国産品の対応が課題となっている。

3　ギャップ解消を通じた産地活性化の取り組み

上述のように、食料消費の変化は国内生産とのギャップを拡大させ、農産物輸入の増加をもたらした。以下では、ギャップの解消を通じて産地活性化を図っている農協の取り組みを報告する。(2)

(1) 常総ひかり農協による「価値のギャップ」解消の取り組み

①野菜の規模拡大が進む産地

1つめは、大規模農業者の組織化によって、調達の安定性と商品性という価値のギャップ解消に取り組んでいる常総ひかり農協の事例を取り上げる。

常総ひかり農協管内の茨城県南西部の常総市、下妻市、八千代町は、野菜生産が盛んで、野菜生産者の規模拡大が進んでいる地域である。

②大規模農業者の安定取引のニーズに対応

全農茨城県本部が契約レタスの販路を開拓し、農協に提案した。農協は、価格を含む取引条件を提示して出荷を希望する農業者を募った。応募のあった専業の大規模農業者をメンバーとして、１９９６年に生産部会（石下地区契約レタス部会、以下「契約レタス部会」）を設立し、18年間加工業者との契約取引を継続してきた。

２０１３年の契約レタス部会の部会員は８名で、作付面積は春作と秋作で各20ヘクタールである。

③大規模農業者同士の協力により課題克服

契約レタス部会の13年度の取引先は７つで、実需者は外食向けのカット野菜企業が多い。前述したように、食品製造業との契約取引では、安定出荷と、加工に適した規格と品質への対応がポイントとなるが、以下のように取り組んでいる。

１つめの安定出荷については、大規模農業者の組織化による農業者同士の協力と余裕をもった作付けにより実現している。

安定した取引を志向する少数の大規模農業者に限定して生産部会をつくることにより、農業者同士が協力する体制を整えた。

生産部会では、確実に納品するために出荷期間中に毎週開催する会議で生育状況を確認して出荷を割り当てたり、自然災害等の不測の事態が生じた場合には即座に総会を開催して対応を協議する体制になっている。また、収穫が間に合わない場合にはお互いに作業を手伝うなど、農業者同士で協力している。さらに、農業者は契約数量より多めに作付けし、天候変動による単収減に備えている。

天候次第で生育が遅れる場合にはまず農協が調整し、それでも困難な場合には他産地を含めて全農茨城県本部や中間流通業者が需給調整している。

２つめの加工に適した規格や品質への対応では、農協系統職員のサポートが効果的である。部会員が規格や品質を確認することに加えて、農協職員と全農県本部の職員がアドバイスを行っている。農協では販売業務と営農指導を兼務する職員を配置し、生産の状況と加工業者の規格・品質ニーズの両方を把握する体制になっている。これによって、職員が販売先のニーズに応じたきめこまかい対策を講じることが可能となり、面積拡大に伴う品質低下を防いでいる。また、全農茨城県本部は、販売担当職員とは別に、当農協を定年退職した営農指導員を技術顧問として雇用し、農業者の巡回指導を行っている。

さらに、レタスの鮮度を保持するために、収穫後、農協の真空予冷装置で処理した後、冷蔵トラックで工場に輸送しコールドチェーンを実現している。真空予冷処理することにより、レタスの品温が下がり、鮮度を保持したまま関西など遠隔地の加工場まで販路を広げることが可能となっている。真空予冷装置の投資額は数千万円になるが、農協が導入しレタスを含む複数の葉物野菜で使用することにより農業者が負担する利用料を抑えている。

④大規模農業者の経営安定に寄与

契約レタス部会の２０１３年の販売高は1億6千万円であり、平均して1アール当たり40万円となり、契約レタスだけで1戸平均２０００万円の粗収益を実現している。一般的に、レタスの露地栽培は天候変動の影響を受けやすく作柄や価格変動が大きいが、東日本大震災の被害を受けた２０１１年を除けば、契約レタス部会の10アール当たり粗収益は安定している。

参加している農業者の多くは労働力を通年で雇用しており、固定費である人件費を毎月支払うために、安定的に収入を確保する必要がある。販売単価と数量をあらかじめ定めた契約取引は収入が安定しており、大規模農業者の資金繰りの円滑化に寄与しているといえる。

（2）広島ゆたか農協による「出荷と消費の時間のギャップ」を埋める取り組み

①瀬戸内海島部の柑橘産地

2つめの事例として、農協間の協力によりレモンの貯蔵量を拡大することで、国産の出荷時期と消費時期の時間のギャップを解消した広島ゆたか農協の事例を取り上げる。

広島ゆたか農協は、呉市と大崎上島町を管内としている。瀬戸内海の島部にあり、管内は、比較的温暖で台風の通過が少ないため柑橘栽培が盛んで、2013年のレモン出荷量は1200トンで全国トップクラスである。管内では、小規模農業者や高齢の農業者が多いが、労働負荷が大きいミカンに比べて、レモンは収穫適期が比較的長く労働分散できるために高齢の農業者でも栽培が可能となっている。

②夏期の出荷拡大に向け貯蔵が課題

2012年におけるレモンの国内出荷量は7293トン（農林水産省「特産果樹生産動態等調査」）であるのに対して、生食用輸入量は5万3834トン（財務省「貿易統計」）と市場を席巻している。この背景には、価格差以外に、前述したように、レモン需要のピークとなる夏期に国産レモンの出回りが少なくなることがあった。産地では最需要期の6月から8月の供給拡大を長年の課題としていたが、産地の冷蔵倉庫の貯蔵能力には限界があり、新設にかかる投資額は数億円と多額であるため、広島ゆたか農協は、他産地で季節的に使われていない施設の利用を模索していた。

③農協間協同と貯蔵技術研究により課題克服

卸売会社の仲介を受けて、広島ゆたか農協が施設利用を依頼したあづみ農協は、長野県中部にあり、交通の便がよく、標高が高く冷涼な気候であるため品質保持の面で有利な立地条件にある。リンゴやナシ等の落葉果樹の大産地であるが、産地化の過程であづみ農協が冷蔵倉庫や選果所を整備してきた。

あづみ農協では、今回共同利用の対象となった冷蔵倉庫と選果所を、7月中旬から12月末まで使用する。広島ゆたか農協のレモンの貯蔵期間は4月から7月が中心であるため、あづみ農協は、管内の果実で使用しない期間に施設を有効利用できると判断した。２０１３年4月に両農協は業務提携を結び、広島ゆたか農協産のレモンをあづみ農協の貯蔵施設と選果施設を利用して出荷を開始した。

一方で、広島ゆたか農協は、２０００年代前半からレモンの腐敗を最低限に抑制するための研究を行ってきた。この結果、貯蔵に最適な温度と湿度を確立した。貯蔵の研究には営農指導員が携わり、研究にかかる費用は農協の営農指導予算の中から支出している。

④国産レモンの周年供給体制を確立

広島ゆたか農協の5～8月のレモン出荷量は、２０１２年までは３００トンが限界だったが、２０１３年の貯蔵能力は、あづみ農協の冷蔵倉庫の貯蔵能力２００トンを加えて５００トンに拡大した。

主産地である広島ゆたか農協のレモン貯蔵量拡大は、夏期の国産レモンの出荷量の拡大に寄与したと考えられる。東京都中央卸売市場における２０１２年と２０１４年の月別レモン入荷量を比較すると、外国産は6月と2月を中心に下方にシフトする一方、国内産は3月から6月を中心に全般的に上方にシフトしている（図3）。同様に年間合計入荷量でみても、国内産は２０１２年の８０６トン、２０１３年の１０６１トン、２０１４年

図３　レモンの月別入荷量

（東京都中央卸売市場）

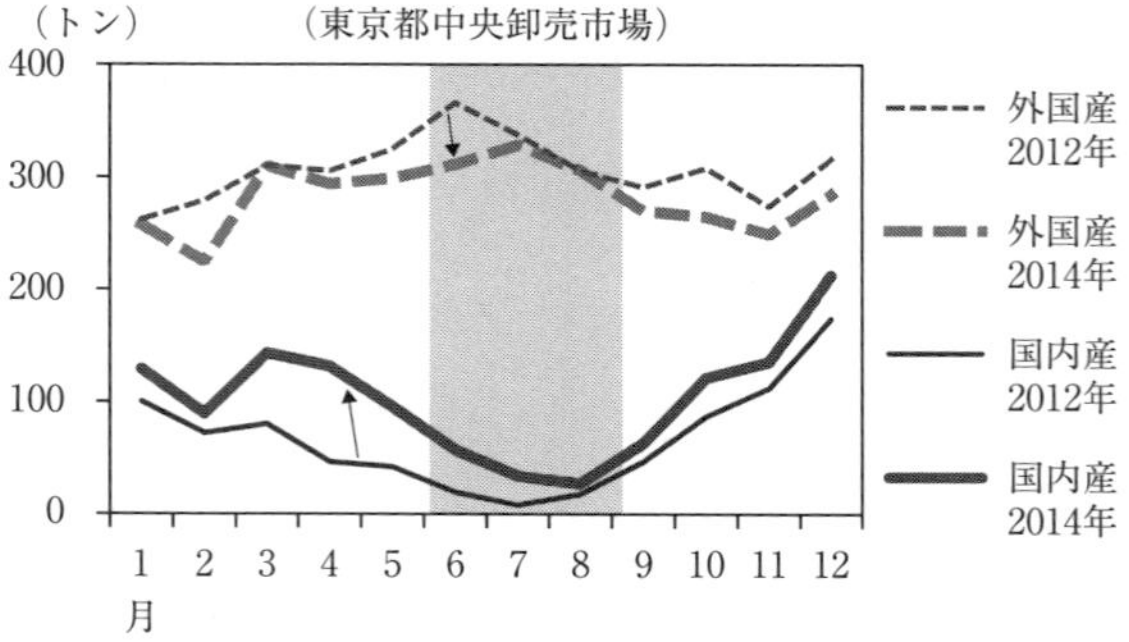

資料：東京都中央卸売市場「市場取引情報」より作成
注：網掛けした６～８月は、国内におけるレモンの最需要期

の１２３９トンと徐々に増加し、入荷量計に占める国内産の割合は２０１２年の18・０%から２０１４年の26・７%に高まった。

夏期の出荷量が増加し、周年供給する体制を整えたことにより、国産レモンは量販店で売場を確保できるようになった。需要が増え販売価格が上昇する夏期の出荷量を増やすことによって、レモン生産者の粗収益が増加し、国内生産の拡大につながることが期待されている。

４　今後の課題

ここでは、生産と消費とのギャップ解消を通じて、農業者の経営向上と産地活性化を実現している農協の取り組みを報告した。取組事例は、ギャップ解消のプロセスにおいて、農業者と農協との協力に加えて、農業者同士の協力や農協間の提携も大きな強みになることを示している。１人の農業者では難しい場合でも、農業者が組織化して協力することによってギャップ解消への対応力が高まる。生産部会を通じて農業者同士の協力意識を引き出すことは、農協の大事な役割といえよう。さらに、農協間の提携もギャップ解消に効果的と考えられるが、提携のための環境整備が課題となろう。

注

（1）藤島（2012）によると、流通が解消するへだたり（ギャップ）の種類には、人的へだたり、空間的へだたり、時間的へだたり、情報的へだたり、数量的へだたり、価値的へだたりがある。
（2）取組事例の内容は、尾高（2014）を再構成したものである。

参考文献

小林茂典（2012）「野菜の用途別需要の動向と対応課題」農林水産政策研究所　研究成果報告会（2012年3月6日開催）
藤島廣二（2012）「流通とは何か」『新版　食料・農産物流通論』筑波書房、2～11頁
柳本正勝・八重垣康子・細田浩・金子勝芳（1998）「家計調査年報を用いた野菜・果実消費の季節性変化の解析」『日本食品科学工学会誌』557～563頁
柳本　正勝・八重垣康子（1999）「東京市場における果実流通の季節性の経年変化」『食品総合研究所研究報告』63号、1～10頁
尾高恵美（2014）「消費構造変化と農協の青果物販売事業」『農林金融』9月号、2～15頁

第3章 産地再編と農業関係機関の役割
――シュンペーターの「新結合」の視点から

若林剛志

1 産地再編という用語

産地再編という用語を使用するようになって久しい[1]。これまでの文献の多くは、農業構造改善に代表される補助事業と密接な関係を持つことから、それを踏まえた再編例を取り上げている。両角（2001）は再編時における組織の変化、荒井（2001）は機械導入による資源配分の変化に焦点を当てている。河野・森（1984）は、野菜問題の性格が安定供給と物価から需給調整と産地再編に変わったと述べており、分析のなかでは、産地の市場対応が主題であることから、そのための組織化や技術体系の改善、機械化等の豊富な事例を挙げている。香月（2005）は、果菜産地の省力化の例として、育苗や集出荷作業の共同利用施設での自動化による作業の外部化の例をあげている。

他にも、宮崎県のハウスミカンからマンゴー生産への作目転換、ミカンにおける早生種への更新による前進化とそのシェアの高まり、共同選果場および共同選果組合の統合、機械化による労働時間の削減と経営面積の拡大、施設利用や技術導入による周年栽培化は、全て産地再編の例である。

ところで、再編と呼ぶ前提として再編以前に編成があるはずであり、それは産地形成と呼ばれてきた。しかし、この産地形成も再編の意味を持つことがある。例えば、減反時の稲作転換で園芸産地が形成されたことも、稲作からの再編といえる。需給の弛緩を主な契機としたこの転換のように、概して再編される、あるいは再編を余儀なくされる時は大きな変化がある。日本の農業生産額は、品目や栽培方法等で異なるものの、1985年をピークに減少する。生産額の増加から減少への転換期と産地形成から産地再編という様相の変化はほぼ重なり合っている。農業生産額の伸長時は、大規模産地が創設され、技術が平準化され、規格に合わせて組織的に生産物が出荷されるなどしたが、農業生産額が減少に転じると、産地は調整局面に入る。特に野菜や花卉等の園芸作では、農業者の専業化や専作化が進み、変貌していった（香月2005）。生産額の減少とともに産地が再編されていく背景は複合的である。技術進歩による物流の時間や費用の低減は、遠距離出荷を可能とし、消費地における農産物の競合の一因となったであろうし、品種改良による収量の安定や増大、需要量の伸びを上回る輸入の増大は、需給バランスに影響を及ぼしたであろう。高齢化と生産者の減少も、作型や品目選択等に影響を及ぼしたであろう。

ここで、産地再編の用語の意味を確認しておきたい。産地再編は、産地と再編の合成語である。「農林水産統計用語集」（1974年）によれば、産地とは「農産物が生産される市町村」を指し、広辞苑（第5版）によれば、再編は「編成しなおすこと（編成は、「組織し形成すること」）」と説明されている。前者の市町村は

１９７４年発刊を考慮すれば、主として昭和合併村が該当すると考えられる。再編は、業界再編のように統合や整理の意味合いが強いと考えられ、上述のような産地再編の例との整合性に欠ける部分がある。

こうしてみてくると、主に昭和合併村を単位空間として形成された生産地における品種の導入や再構成、共同利用施設や機械等の導入、共同利用のための組織化や多様な販路開拓等の時宜を得た取り組みのすべてを、産地再編とすることができそうであるが、再編の意味を少し定義することが必要と推察される。本章では、これを目的のひとつとして、ある著名経済学者の考え方を拝借して、再編を考えることとする。

2　産地再編の整理——シュンペーター理論の援用

著名経済学者とはシュンペーターである。Schumpeter（1912）が「経済発展の根本現象」で示した「生産的諸力の結合の変更」という意味で用いられる５つの新結合（５結合）を、産地再編の事例整理のために援用する[2]。

５結合とは、「①新しい財貨、すなわち消費者の間でまだ知られていない財貨、あるいは新しい品質の財貨の生産、②新しい生産方法、すなわち当該産業部門において実際上未知な生産方法の導入。これはけっして科学的に新しい発見に基づく必要はなく、また商品の商業的取扱いに関する新しい方法をも含んでいる、③新しい販路の開拓、すなわち当該国の当該産業部門が従来参加していなかった市場の開拓。ただし、この市場が既存のものであるかどうかは問わない、④原料あるいは半製品の新しい供給源の獲得。この場合においても、この供給源が既存のものであるか——単に見逃されていたのか、その獲得が不可能とみなされていたのかを問わ

表1　シュンペーターの5結合を利用した産地再編の整理

新結合の項目	農業での例	産地再編の例
① 新しい財貨の生産 新しい品質の財貨の生産	新品目	作目転換、品質向上 新品種導入
② 新しい生産方法の導入	栽培方法、 農法（機械化）	給与体系見直し、前進化 機械化、ハウス利用
③ 新しい販路・市場の開拓	契約、 直売（所）	販路開拓
④ 原料あるいは半製品の新しい供給源の獲得	新種、 外部化（育苗委託）	新品種導入
⑤ 新しい組織の実現（独占的地位の形成あるいは独占の打破）	組合	組織創設・統廃合

出典：Schumpeter（1912）の5結合をもとに筆者作成

ず――あるいは初めてつくりだされねばならないかは問わない、⑤新しい組織の実現、すなわち独占的地位（たとえばトラスト化による）の形成あるいは独占の打破」、である。

この5結合に産地再編の例を当てはめると表1のようになる。例えば①新しい財貨の生産は、農業を例にすれば新たな品目の生産を始めることであり、産地再編の文脈における例は、稲作から畑地園芸作への作目転換が代表例といえる。

このように5結合を援用し、事例を当てはめることにより、産地再編をある程度整理することが可能である。しかし、このことのみを理由にシュンペーターを取り上げたわけではない。5結合に該当する事象には実践主体としての「企業者」であり「遂行者」が必要である。[3] 彼らが自ら、自発的に飛躍のために講じる手段こそが本章で述べる再編なのである。実は、新結合はのちにイノベーションと訳される用語である。イノベーションを実践するのが「企業者」であり、それが再編を担う農業者であるならば、「企業者」である農業者は、経済発展の一部を演じる当事者であるといえよう。

機械化の例を取り上げよう。機械化は、労働投入を削減する新たな生産方法である。この時、結果として全く同じ収穫物を得たとしても、各資源の投入、配分は異なっている。しかも、多くの場合、同じ結果をより少ない投入量、あるいは投入時間で得られる。かつて、シュンペーターは「われわれが取り扱おうとしている変化は経済体系の内部から生ずるものであり、それはその体系の均衡点を動かすものであって、しかも新しい均衡点は古い均衡点からの微分的な歩みによっては到達しえないようなものである。郵便馬車をいくら連続的に加えても、それによって決して鉄道をうることはできないであろう」と述べた。「馬車」から「鉄道」へという飛躍は、「微分的な歩みによっては到達しえない」「均衡点を動かす」「企業者」の実践なのである。

関係者の役割も、シュンペーターに学ぶことができる。産地再編という飛躍の実践者である「企業者」は農業者であるが、彼らが新結合につながる要素を自ら「発見したり創設したり」するわけではない。「指導者（ここでは企業者でも差支えない）機能とはこれらのものを生きたもの、実在的なものにし、これを遂行すること」なのであり、発見や創設を農業者が血肉とする支援が関係者に求められる役割といえる。

また、シュンペーターは、「成果は全て洞察にかかっている。それは事態がまだ確立されていない瞬間においてすら、その後明らかとなるような仕方で事態を見通す能力」としている。ここでも支援者が重要性を帯びてくる。農業者の「洞察」を手助けする発見、情報等を的確に提供していくことが再編につながるからである。

3 「新結合」を考えるための2事例の紹介

(1) 日本の事例

事例は日本国内のネギ、特に夏ネギの産地である。この産地は主に昭和合併村を範域としており、産地再編に取り組むきっかけとなったのは、2001年のセーフガード暫定措置の発動へとつながる2000年前後のネギの輸入量増加であった。

このときの同産地の再編目的は、生産性向上による産地の維持であった。その目的達成へ向けて採用した手段は、機械化、特に機械化一貫体系を構築することであった(4)。

当時の問題は、作付を前進化させ、夏ネギだけでなく、各経営体が秋冬ネギの作付面積を拡大し、周年化を成し遂げることであった。そのために、新たな品種を導入し、かつ掘り取り機による機械収穫へ転換することが課題となっていた。機械化については、すでに土寄せ管理機、移植機、主に防除用の乗用管理機、根・葉切りおよび皮むき調整機は導入されており、収穫機が機械化一貫体系のミッシングリンク（不連続点）であった。同産地では、セーフガード暫定措置発動後に350台の収穫機を導入し、台数上はほぼ1家に1台となった。

機械化一貫体系の導入という再編の結果は、作型前進により、夏ネギに加え秋冬ネギも生産することで、ネギの輸入量が増加するなかでも生産量を増加させてきたこと、機械の効率的な稼働が実現したこと、面積当たり労働時間の短縮し、経営面積が拡大したことである。この効果を確認し、補助金なしで機械を導入する個別経営もあった。

生産費上も効果が表れ、2001年の360円／キログラムから2005年には事業導入時の計画である220円／キログラムにほぼ沿った結果を得ることができた。輸入の大宗を占めた中国産の輸入単価が約100円／キログラムだったので、中国産との価格差の縮小は、産地維持に貢献したと考えることができよう。

このとき、関係機関として、行政は補助事業や現地視察による実態把握と危機意識の醸成、農協は機械導入時の事務や共同播種を請け負うことによる作業の外部化、種苗会社はF1品種の供給や品種改良と夏ネギを中心とした作型前進にそれぞれ貢献した。

この事例を産地再編を整理した表1に当てはめてみよう。まず、②新たな生産方法の導入により、農業者はこれまでと異なる資源を投入し、かつては実現できなかった生産費水準に達することが可能となった。これを後押ししたのは、外部環境が大きく変化していたこと、国内外の情報を正確に捉え、生産者の危機意識を醸成させた行政であった。農協は、育苗を受託し、生産者が④原料あるいは半製品の新しい供給源の獲得することなったし、種苗会社による新品種開発と同品種の導入は、新品種という①新しい財貨の生産、および④原料あるいは半製品の新しい供給源の獲得に貢献した。この飛躍はまさしく再編の例といえよう。

(2) 韓国の事例

第2の事例は、韓国の輸出向けイチゴの産地である。この産地を含む地域は、国内向けイチゴでも有数の地域である。輸出向けイチゴの生産に取組むきっかけとなったのは、一層の生産者所得の向上であった。そのための手段として実施したことは、高設水耕栽培化、品種導入、輸出専門組織創設、選果場整備と多岐にわたった[5]。

多岐にわたる整備を進めた結果、輸出イチゴ専作農家が出現し、その組織化が図られ、輸出産地として新たに位置づけられるほどに発展した。輸出イチゴの生産量も、2011年の500ﾄﾝから12年に600ﾄﾝ、13年には700ﾄﾝと拡大している。FAOSTAT[6]によれば、2011年時点で韓国のイチゴ輸出量は2000ﾄﾝであったから、25%の輸出向けイチゴが、この産地で生産されていることになる。

関係機関として、国（農林畜産食品部、農村振興庁、農水産食品流通公社）は、補助事業の実施、品種改良の研究、輸出を促進する支援を、日本の県にあたる道は、補助事業の実施、品種改良の研究および研修を担い、農協は選果場や予冷施設の設備導入支援、道が半数を出資する輸出業者は、輸出ルートの構築と道産品の売り込みを行っている。

ここでも表1に沿って事例を整理してみよう。生産者は、高設施設栽培を導入（②新たな生産方法の導入）した。国と道では、輸出向けの新品種を選抜（①新しい財貨の生産、および④原料あるいは半製品の新しい供給源の獲得）し、生産者はそれを作付けている。農協は選果場の整備を行い、生産者が設立した輸出共選会（⑤新しい組織の実現）を支援している。道出資の輸出業者は、海外輸出（③新しい販路・市場の開拓）を担っており、販路の拡大に生産者も供給体制を強化している。

（3）事例からの示唆

国内外問わず両者に共通しているのは、危機意識の高い時は、変革に熱心に取り組むということである。前述のネギの事例では、中国産の日本国内への輸入量増加、イチゴの事例ではアメリカ産イチゴとのアジア市場での競合があった。問題はその後である。イチゴの事例は取り組みの最中にあるが、ネギ産地の事例では、技術的に水準が高くなり、輸入量も安定していることから平時に戻っている。10年以上を経た現在は、過去の経験を踏まえ、農協等の関係機関が、多くの情報を含むシグナルとして貿易量と貿易額を毎月確認している。ただし、大きく飛躍する取り組みの候補が十分にないことが課題であり、現在は次の飛躍へ向けて模索の過程にある。示唆的なことは、再編は世界中でおきており、その動向を的確に把握すること、今後に向けて新結合の種となるような基礎的取り組みを続けることであり、これによって農業者の洞察を支えていくことが関係機関に求められていると考える。

4 おわりに

ここまで、多様な形態をもつ産地再編の具体的取り組みを、シュンペーターの5結合を援用して整理した。援用した理由は、産地再編を整理するだけでなく、シュンペーターが「企業者」と呼んだ新結合の遂行者が、再編の実践者である産地の農業者であること、「企業者」自身は必ずしも新しい可能性を「発見」したり「創造」したりする必要はないこと、「企業者」である農業者を支える関係機関がこれを担うことで、新結合すなわちイノベーションが生じることを示したかったためである。

筆者が2つの事例を示したのは、事例が5結合によくあてはまるだけでなく、国内外を問わず他産地も再編に動いていること、農業関係機関が平時より意識して基礎的取り組みを行っていくことであり、それが農業者の洞察につながり、新結合を生じさせると考える。

注

（1）「産地再編」をCiNii（学術情報ナビゲータ）で検索してみると、論文が54件、書籍が11件表示される。このうち9件が1980年代、90年代が7件、2000年代が33件、10年代が16件である（2015年7月11日検索）。

（2）伊東・根井（1993）は、シュンペーターの業績として、「経済にとって最も重要な事は技術革新、新製品による新市場の創設、コスト低下に基づく供給曲線の下方シフトであることを強調した点」を挙げている。

（3）シュンペーターは、「企業者と呼ぶものは、新結合の遂行をみずからの機能とし、その遂行に当たって能動的要素となるような経済主体のことである」としている。

（4）同産地では、セーフガード暫定措置発動後に出された野菜産地強化特別対策事業の3対策（低コスト化、高付加価値化、契約栽培化）の全てに取り組んでいる。本章では低コスト化対策として実施された機械化を紹介する。

（5）現状、高設水耕栽培は15％程度の普及とのことであるが、輸出向けにイチゴを栽培している農業者の同施設の利用度は相対的に高い。

（6）FAOSTATとは、国際連合食糧農業機関（FAO）が提供する統計データベースのことである。

参考文献

荒井聡（2001）「需給緩和下のトマト作における作業外部化による産地の再編強化――岐阜県海津地区での機械選果機導入の事例を中心に」岐阜大農研報告、第66号、31～42頁

伊東光晴・根井雅弘（1993）『シュンペーター』岩波書店

香月敏孝（2005）『野菜作農業の展開過程――産地形成から再編へ』農林水産政策研究叢書第6号

河野敏明・森昭編著（1984）『野菜の産地再編と市場対応』明文書房

田中秀樹（1992）「野菜小規模産地の形成・再編と農協共販――広島県の事例」農業水産経済研究第4号、17～32頁

両角政彦（2001）「花卉市場変動下における産地の再編成――長野県坂城町バラ生産を事例に」『人文地理』第53巻第5号、1～23頁

J. A. Schumpeter（1912）"Theorie der Wirtschaftlichen Entwicklung," Duncker & Humblot〔塩野谷祐一・中山伊知郎・東畑精一訳（1980）『経済発展の理論』岩波書店〕

第4章　「産地再編」と農企業ネットワーク
――『農林中央金庫』次世代を担う農企業戦略論講座」シンポジウムより

1　本章の内容と構成

本章は、京都大学大学院農学研究科生物資源経済学専攻『「農林中央金庫」次世代を担う農企業戦略論講座』が２０１２年度から２０１３年度にかけて開催した第1回から第4回シンポジウムに続き、２０１４年の6月14日（第5回）と12月6日（第６回）に開催したシンポジウムにおいて、「産地再編」をテーマに行ったパネルディスカッションでの討論を編集したものである。パネリストによる各々の経営や事業の概要紹介に続く討論では、産地の意義、産地再編におけるＪＡや行政機関の役割、多様な関係主体とのネットワーク、地域におけるリーダーや後継者の育成、消費者との関係づくりなどについて、会場からの質問への応答も含めて盛んに意見が交わされた。

第5回のパネルディスカッション（第2節）では、早和果樹園（和歌山県）の秋竹新吾氏、上平農園（奈良県）の上平茂之氏、JA紀の里（和歌山県）の大原稔氏、農林水産省近畿農政局生産部園芸特産課長の中村昭之氏、コメンテーターとして一般社団法人農業開発研修センターの瀬津孝氏をお招きした。また、第6回のパネルディスカッション（第3節）では、掛田農園（和歌山県）事業主の掛田一史氏、農事組合法人狩宿営農組合（大分県）の亀井義則氏、JA紀南常務理事・営農本部長の天田聡志氏、JAおおいた杵築柑橘選果場（大分県）場長の小春修氏、農林水産省近畿農政局生産部園芸特産課長の中村昭之氏、コメンテーターとして瀬津孝氏（前出）、および大分県南部振興局生産流通部主幹の信貴竜人氏をお招きした。

各パネリストの略歴と経営概要を各節に収録したので参照されたい。第5回、第6回ともパネルディスカッションの進行は京都大学大学院農学研究科の坂本清彦と川﨑訓昭が務めた。本章における参加者の肩書きはシンポジウム開催時のものである。

第5回 シンポジウム・パネルディスカッション概要

日　時：平成26年6月14日（土）13：30～17：00
第Ⅰ部
●開会挨拶／●基調講演
基調講演1　小田滋晃　京都大学大学院農学研究科 教授
「次世代につなぐ産地戦略：産地論の再編に向けて」
基調講演2　尾高恵美　農林中金総合研究所 主任研究員
「青果物産地の活性化における生産者組織やJAの役割」
●パネルディスカッション
テーマ「産地再編における先進的農企業のネットワーキング」
パネリスト（氏名50音順）
秋竹新吾　㈱早和果樹園（和歌山県有田市）代表取締役社長
上平茂之　上平農園（奈良県五條市西吉野町）
大原 稔　JA紀の里（和歌山県紀の川市）常務理事
尾高恵美　農林中金総合研究所主任研究員
中村昭之　近畿農政局生産部園芸特産課 課長
コメンテーター　瀬津 孝　一般社団法人 農業開発研修センター 常務理事
コーディネーター　坂本清彦・川﨑訓昭　京都大学大学院農学研究科

2 産地再編における先進的農企業のネットワーキング
〈第5回パネルディスカッションより〉

産地の意義

進行　生産者やＪＡの方々にとって「産地」とはどんな意義を持つのでしょうか？　また、ＪＡ共販、卸売市場への販売、さらに産直や六次産業化といった動きも含めて、今後の産地としての販売戦略やブランド化についてお聞かせください。

秋竹　私のところは、４４０年の歴史ある有田みかんの産地ですので、くじけそうな時も「産地」であったからあきらめずにやってこれました。もし自分だけがみかんを栽培しているだけだったらやめていたと思います。有田みかんに適した環境・気象条件・土壌、これらのみかんの味にかかわる貴重なものを産地の良さだと感じ、大切にしていきたいです。六次産業化を進めていますが、有田みかんという大きなブランドがあるので販売がしやすい。どこに行っても知っていてくださるので、地域ブランドというものは非常にありがたいと感じます。

また、私どもの会社でみかんを栽培し加工していますが、自社で作っているみかんは限られていて、産地として有田みかんを作ってくれている生産者の皆さんがいます。先日、六次産業化として加工事業を始めるにあたって、みかんを出荷してくれる生産者２４０人の方と契約しました。それから、ＪＡや地域にたくさんある（任意の集まりである）共選からも出荷してもらうなど、有田全体の生産者から原料提供をしてもらっています。このような生産者とのつながりがあり、また私どもは農業生産法人ですが、ＪＡとのつながりもあり、青果はＪＡを通じて市場に出荷しています。

（株）早和果樹園
代表取締役社長
秋竹《あきたけ》　新吾《しんご》

みかん農家7戸が2000年に早和果樹園を設立。現在、常勤従業員46名。資本金8502万円、14期目。
法人化後、みかんの加工事業に入り、有田みかん生産者のみかんも集荷し、販売を行う。みかん農業の六次産業化を実践。販売チャネルは全チャネルで行っており、卸への卸、小売への卸、D・M、ネット販売など直接消費者へ、全国へ拡がっている。香港・台湾・オランダ・ベルギ・ドイツ、などへの輸出を行う。試飲試食販売は、年中社員総出で店頭へ出向き、年間65万人の顧客と社員が直接向かい合っている。
美味しいみかんにこだわった栽培をもとに、原料を有田みかんに特化した商品作りをしている。美味しさを売りに、100%みかんジュース「味一しぼり」を始め、「みかんゼリー」、「ジャム」「てまりみかん」「みかポン」など、15アイテムを商品化している。

上平　私のところは柿ですが、産地とはその土地が持っている影響力、価値だと思います。産地には良い産地と悪しき産地があり、幸い奈良県西吉野村の柿は良い味、良いイメージがあります。比較的有利に販売させてもらっており、最近ではインターネット販売をされる方もいて、奈良の西吉野というキーワードを信頼して買われる方もいらっしゃいます。産地の価値を評価するのは生産者でなく消費者であると思います。産地のプラスイメージの上にあぐらをかいていてはいけない。悪い産地のイメージがつかないようにこれからも発展させていく必要があります。そのための一つに宣伝活動があり、「奈良の柿はすごい、おいしい」と思わせるような成長をしていくよう取り組んでいます。一人でも多くの消費者に奈良の柿を知ってもらうことが大切だと思います。

大原　自分たちの産地とは何かと改めて見直しているところです。農業の生産性、人、地理的状況、環境も、すべて大事な資源として産地の形をきちんとアピールできるものにしていきたいと思っています。それが産地だと思います。我々は消費者の方々まで浸透しているブランドをほとんど持っていなくて、「あら川の桃」くらいしかないです。選果場の再編整備のときは、実需者の皆さんに紀の里というブランドをまず知ってもらうことからスタートしました。本当に商品のブランドを知ってもらうには相当時間がかかると考えておりまして、消費者の皆さん方に紀の里という産地のブランドを知ってもらおうと活動しています。商標登録をとった商品もあるのですが、なかなか一般的なブランドまでにはなっていないです。とりあえず、「信頼のブランド紀の里」という名前をつけていますので、そこを皆様にアピールしていけたらと思っています。

　また、私たちのところは後発なんですが歴史のある葉牡丹の産地で、昭和50年代後半からずっと作っています。5年くらい前に出荷者の大会がありまして、そこそこの価格で販売がされていました。燃料代が高くなって施設園芸が厳しくなってきたときに、葉牡丹は露地で栽培しますから、紀の里を花の産地としても維持したいので、花の里というポリシーのもとで葉牡丹の生産を伸ばしました。出荷者大会の時に、夫婦で参加してもらって「日本一の産地を目指すぞ、エイエイオー」みたいにみんなで盛り上げました。一地区限定だった部会を開放して他の地区からも入れるようにして、全体で取り組んできた経緯があります。出荷の仕組みも変えて、個人で荷造りしたものを持ち寄ってもらって出荷していたのですが、共選に切り替えて選果場でも荷造りするようにしました。選択性にして、個人で荷造りをして持ってきてもＯＫ、共選を選択してもＯＫですが、経費は共選と持ち寄りで違います。最盛期は葉牡丹を集中して売るので、

上平農園

上平《うえひら》　茂之《しげゆき》

１９６４年生まれ。奈良県吉野郡西吉野村（五條市西吉野町）出身。１９８４年に奈良県農業大学校を卒業し就農。約７㌶の果樹園で柿と梅を生産しており、「量より質」の栽培方針のもと、優良品種の導入や管理作業の省力化等に取り組んでいる。現在は、奈良県農産物生産・流通部会果樹部会会長や奈良県果樹研究会副会長などの役職につき、県内産果物の生産性向上・消費宣伝活動や若手生産者の育成に努めている。

JA紀の里
常務理事
大原《おおはら》　稔《みのる》

和歌山県紀の川市生まれ。1979年に入組、2011年に退職し現職に就任。

高齢化や担い手、耕作放棄地等問題は山積しているが、JA紀の里管内の農業、自然、人、モノのすべてが大切な資源であり、まだまだ力が発揮できるという考えのもと、地域経済に貢献する地域密着型のJA活動と5年ごとの地域農業振興計画の実践を信条としている。

2001年に販売部長に着任後、地域農家のよりどころである選果場の再編整備、ネット販売・加工・直接販売等を行う特販部門の立ち上げ・大型ファーマーズマーケットめっけもん広場の拡張、体験農業部会、女性組織の活動強化、農地集積円滑化団体、農業塾等の立ち上げ等を行ってきた。今後もJA紀の里のビジョン、中長期計画を実現するために様々な取り組みを行っていくことになる。

12月の末は作業員が200人くらいで選果作業を行います。200人作業員を集められるのは、桃や柿など別時期の作業のために地域が雇用している人がいるからです。そうして市場との関係も深くなって取引も徐々に増えて、現在では200万本の作付けとなって、作付け面積・出荷本数ともに日本一の評価を市場から頂いています。今年もそれ以上を目指して頑張ろうという方向で生産者の意識は共有しています。

尾高　長崎県西海市が和歌山、愛媛に次ぐ高い単価がつくみかんの産地になっているという話を先日知りました。後発の産地で、緩傾斜なので糖度が高くなりにくい産地だったんですが、果実は嗜好品なので糖度が大事ということで、糖度を上げるためマルチ栽培を100％目指したそうです。今はほぼそれを達成して、糖度別にブランドをつくって、それを浸透させていこうとしています。そのようにブランドを確立するのには10年かかったということです。なぜなら糖度の当たり外れがあると信頼を損ねることがあるので10年はかかるという話です。

中村　既存の産地には良品質のものをたくさん出すという市場との信頼関係があって、そこに新規産地が新しく信頼関係を勝ち取るというのは難しいと思います。ではどうするかというと、特徴のある品目、例えばブドウでいえばシャインマスカットのような新品種を出すとか糖度が高いとか、自分の所のはこういう品質なんだと新たなジャンルを作るといったことが必要でしょう。今までなかった新たなことをやらないと、量の勝負では難しいです。まずはじめは特定の客のニーズを狙って販売するのが大事なのかなと考えます。

瀬津　果実と野菜とは違うでしょうし、また産地には多様性があって、出荷組織を再編するのが望ましいのかどうかは、地域条件によって違うのではないかと思います。地域ブランドの構築にはいろいろ多様性があって良いと思います。

進行　産地の意義やブランド化について、それぞれの産地のありよう、多様性を考える必要があるということですね。お越しいただいた秋竹さんの有田のみかん、上平さんの西吉野の柿と、今日の話は果樹に絞っていますが、野菜産地もありますし、性格の違う産地がいろいろあると思います。そうした多様なものをまとめていくためＪＡなど関係組織が果たす様々な役割があるということだと思います。

経営課題の解決と産地におけるネットワーク

進行　産地の多様性に加えて産地の中にも、いろんな

近畿農政局　生産部
園芸特産課　課長
中村《なかむら》　昭之《てるゆき》

１９５４年生まれ。農林水産省生産局園芸作物課や九州農政局園芸特産課長を歴任し、約20年間近く野菜、果樹等園芸作物を中心に生産振興、需給調整等の業務に携わった。
２０１１年４月から近畿農政局園芸特産課長に在籍し、これまでの経験を生かし、近畿管内の果樹、野菜、花の園芸作物や茶、薬用作物等特産作物の生産振興を推進している。

意見・利害を持った方々がいると思います。そういった違う立場の人々がいる産地を維持するためには、人びとのつながり、ネットワーク作りが不可欠という理解のもとで、これまでの経営や事業展開において、どんな課題があって、それを乗り越えるためにどんな人たちとネットワークを築き、解決してきたのか、お聞かせください。

上平　経営面では、効率化やコスト削減は課題として今も強く意識しています。栽培技術で効率化ができないかといつも考えていて、地元の農業試験場や普及センターによく相談に行きました。普及センターの方々は論文などから得られる技術情報をいろいろ教えてくれて助かりました。ただ、そこで提案されるのは周りの人たちがやっていないことで、実際に行うのは怖かったという経験がありました。それでも、やることで新しい技術が導入でき、経費を削減できたという経験があります。また私は今、地元の果樹研究会の役員をしています。奈良県全体の果樹の組織で、奈良県で生産される果物の柿、みかん、なし、サクランボ、ブドウなど各部会に分かれて、生産面を含む県の果樹生産全体への貢献に取り組んでいます。

大原　ＪＡの主体は組合員ですから、組合員とのネットワークを築く必要があります。例えば秋竹さんや上平さんのようなリーダー的な方々が代表となって組織体を作って、そのなかで選果場長を誰にするのかとか、将来のビジョンをどうするのかを決めます。「ＪＡが」ではないんです。「組合員の組織が」ですから、そこは組合員とネットワークを作り、事務局の職員がきちんとコミュニケーションを取るという場をいかにたくさん持つかということが重要だと考えています。ただ、大体の場合、総論賛成でも、各論に入ると反対となりがちなので、そういうところはきちんと自分たちから提案してコミュニケーションを取る、今までそういうやり方をしてきて、これ以外はないと思います。でなければ、ものすごいリーダーシップのある人が引っ張っていくかのどちらかですね。

例としては、選果場の再編の話をしたときに、針のむしろのような組織協議が２５０回もありました。地区別の会場で会議をして、これまで自分の地域の選果場で選果してきたものが、拠り所にしてきたものがなくなるという状況で、では10年後、15年後、20年後はどうするのかビジョンを示していかないとだめだし、その示し方がまずいと受け入れてもらえないのです。ただ、たまたま時代の流れにあった提案、ビジョンができていたのが良かったのかなと思います。使っていた選果場の装備が古くなって、そこに光センサーが出てきて、安全・安心も重要視されるようになってと、そうやって時代とマッチしていろいろなことができてきたのかなという気がします。

　それぞれの地域の先進的な考え方をお持ちの組合員さんが後押しをしてくれたことが大きいです。こういったことはＪＡだけの力では無理ですから、それぞれどの地域にどんな方がいらっしゃるのかをつかんでおくことも大事です。

　もう一つ言えるのは、直売所の「めっけもん広場」ができて、組合員がたくさん出荷しているんですが、これはＪＡの直営です。自分たちのものがどうやって販売されているか、自分たちが値段をつけてどうやって消費者が買ってくれるかわかるようになってきましたから、そういう面ではＪＡの言っていることもあながち間違いではないと思います。最近は、ＪＡが提案したことも真剣に耳を傾けて、議論をいただけるようになってきたんだなと実感しています。でも、ＪＡなので決定までに民主的にやっているので時間はかかります。これは欠点だと思いますが、そういった感じで話し合いや議論を交わしています。

秋竹　有田みかんは大きな産地なので、いろんな生産出荷団体があります。たとえば、愛媛県や九州の産地のように産地が一塊になっていなくて、ＪＡ関係の地域の共選と個選、それに加えて関西の大きな市場が近いので個人で出荷する人がいます。最近は、だんだんとＪＡの直営の扱いが大きくなっていますが、今までは半分くらい個人で出荷されてる人がいました。そのなかでも京都でみかんの最高級品でいうと「新堂」「田村」というような名前が挙がりますが、それらは有田みかんのなかで一つのブランドとなっています。ただ青果みかんはシーズンが短くブランドが形成しにくいので、私どもは加工して一年中販売活動をしています。生のみかんよりブランド化、ブランド構築しやすいと思っていて、そういう商品も生かして早和果樹園ブランドという形で推し進めていきたいと思っています。

次に、ネットワークについては、ＪＡは共選協議会をもって量的にも販売を進めていますけれど、その反面、老齢化してきて市場へ出しても端へ追いやられるので、そのみかんを何とか販売してほしいという私どものもとに来るアンチＪＡの経営の方もいます。

経営の課題は、やはり資金面です。生果を加工して市場に出してもすぐお金が入るわけではないので、加工施設の建設と運転資金にアグリビジネス投資育成会社からの投資が非常に役に立ちました。

産地における新技術の導入のありかた

進行　産地におけるネットワークに関連して、秋竹さんのところのマルドリ方式[1]、上平さんのところの低樹高の整枝剪定といった、新しい栽培技術を習得される際、どういった経緯で、産地内外の誰から知識、ノウハウを得たのでしょうか。また果樹栽培の新技術を農業者が導入する際に行政からどんな支援があるのか、行政としてどのような技術を推奨しているのか、お聞かせください。

秋竹　マルドリ方式については、日本農業新聞でまず知りました。近畿中国四国農業研究センターで開発されたということを聞いて、その時ちょうど和歌山県の新品種研究同志会の会長をしていたので、会員の皆さんと香川に行き、いい方法だなと感じました。私も、尾高さんの話された西海と同じように、みかんの糖度を上げていこうとするなかで、水分コントロールによって光センサーの数値で1度から1・5度糖度が上がるとわかって、マルチ栽培に積極的に取り組んでいたこともあって、マルドリ方式を取り入れました。これは、高い評価を受けています。

上平　先ほどの話と重複しますが、新しい技術やコスト削減は県の農業試験場の方からいろいろとアドバイスをもらって実現しました。今は消費が減退していて高品質のものが売れにくいのですが、そのなかでも私の先輩方で品質重視でやっている方もおられて、そういう方たちの影響もあって、高品質の品物にも作り甲斐があると思います。今は、大玉で高品質のものを適正価格で売るにはどうすればよいか考えています。

中村　近畿農政局自体で技術的なことを開発することは難しいのですが、近畿中国四国農業研究センターというところで技術開発を行っていて、近畿農政局が情報交換しながら普及させていくことになっています。そうした技術の一つがマルドリ方式というもので、普及させようとしています。これまで、新技術、新品種導入という形でニーズに対応しております。

産地再編における行政の役割とは

進行　産地や地域の農業の維持、再編を考えるなかで、生産者やＪＡの方は行政にどんな役割を期待されているでしょうか。

秋竹　私は行政に大変お世話になっています。一番は販路開拓がありがたかったです。自分で販路を築いた経験がなく自信もないときに、和歌山県の和歌山産品商談会とかフーデックス（食料、飲料の展示会）への誘いを受け、県や市がいろんな形で引っ張ってくれました。特にジュースの販売を始めるとき、ちょうど和歌山県が東京の有楽町にアンテナショップを出したのと同じ時期だったので、そこにジュースを出したらつながりができました。マルドリ方式も同様です。新しい取り組みをやらないかと言ってくれたのが県の振興局の人で、引っ張ってくれました。このように、新たなことを始めるときに情報を提供してくるのはありがたいです。また、行政には加工場に光センサーを入れるときにも支援をしてもらっています。

上原　行政にもJAにもお世話になっています。特にPR活動です。県の特産となるのは柿・梅、他にもたくさんありますが、そうした農産物のPR活動を助けていただいています。また農家の社長は互いに衝突したり、目先の利益を追って変な方向に行ってしまうことがあるので、中立の立場から私たちの行動がいい方向に向くようなアドバイスがほしいです。それから、今パートさんの確保が難しいので、雇用問題に関して行政やJAさんがパートさんへの講習会を開くなど、何らかの支援があると嬉しいです。

大原　私もだいぶお世話になっています。例えば、近畿農政局に来てもらって担当の方と面と向かって話すと話しやすく、打ち解けて話ができます。机上で設計を描くのもいいんですが、現場にもっと出てこれるような体制を取れないかなと思います。その地域を見て現場で話をするのと、設計図を見て話をするのでは感覚が違います。特に今般出てきた農地中間管理機構は弾力的な運用が必要な地域があるかもしれないので、やはり現地で関係者がお互いに腹を割って直接話をするといい仕組みができるはずです。

尾高　JAにお話を聞くと、行政からの人的な支援や技術試験面での支援は大変ありがたいと聞きます。それから、長野のJAあづみで広島のJAゆたかのレモンを貯蔵するという事例は、たまたま貯蔵施設の減価償却（法定耐用年数）が終わっていて補助事業の目的外利用に当たらず可能だったのですが、こういう取り組みが広がっていくよう、弾力的、積極的に運用ができればと思っていました。

中村　行政サイドとして、現地との直接の交流はなかなかできてないので、そこは反省すべき点と思っています。また、農地中間管理機構など新しい制度、仕組みに関しては、説明会を開いても、関係組織の偉い人が話し合うだけで、本当に聞くべき人、聞きたい人がなかなか来ないのが現状です。様々なソフト事業があるので、そういったものの仕組みをどんどん紹介することができると思います。でも、我々もそうしたものを紹介するのですが、それを今度はどう活用していくのか、どう販売に結び付けるのかが難しいという話も聞きます。行政としても、イベントの開催の紹介などだけでなく、もっと話を深くつっこんで聞きにいければと思うんですが、そこまでできないのが現状です。もっと身近な行政という形で皆さんと協力していきたいです。

瀬津　昨年調査をさせてもらった、愛媛県内の事例を紹介します。すべての市町村ないしはＪＡで地域農業支援センターやアグリサポートセンターのような、ワンフロアー化の取り組みが進んでいます。日を決めて相談センターを立ち上げるなどの取り組みをされています。計画づくりだけでなく、そうした日常面での取り組み体制も整備されています。こうしたワンフロアー化の取組みでは、県の出先機関が加わっているところもあるし、市町村とＪＡが立ち上げたり、市役所の中にそういったセンターを立ち上げているところもあります。実際、合併の関係でＪＡと市町村の管轄地域がずれていたりするため、いろいろな形態のサポートセンターがあります。

●コメンテーター
（第５回、第６回）
農業開発研修センター
常務理事
瀬津《せつ》　孝《たかし》

1953年生まれ。

所属する農業開発研修センターでは、国や地方自治体、ＪＡグループ等の委託による地域農業振興計画やＪＡ問題等の農業・ＪＡ全般に関わる調査研究等の調査研究事業を実施している。また、地方自治体の基本構想づくりやＪＡの「運営基本構想」「中期経営計画」策定の支援・指導等の調査診断事業や、地域農業振興にかかわる行政担当者、ＪＡ、その他農業団体の役職員育成のための教育研修を実施する研究会開催事業を実施している。

ところで、我々のセンターでは、産地のＪＡ・市町村からのご依頼を受けて地域農業振興計画作りなどのお手伝いをしています。産地作りの決め手として、地域農業振興計画は非常に重要であると思います。

２０１３年、センターで全国のＪＡと市町村を対象にアンケート調査を実施しました。たくさんのアンケート項目のなかで、地域農業振興計画に関連して、ＪＡの計画立案のための意見交換を県や市町村、都道府県普及センター等としているかを質問しました。結論としてはＪＡと市町村はあまり連携が取れていないという実態が浮き彫りになりました。産地の活性化のためには産地の誘導方向の一致が極めて重要ですから、関係主体が一緒になって盛り上げていくため、役割分担を明確にして共有できる関係作りが今後の課題ではないでしょうか。

これからの産地における
ＪＡとリーダー的生産者の関わり

進行　瀬津さんからお話があった地域農業振興計画、地域のビジョンを作っていくことで地域農業を支えていくということですが、そこでＪＡの役割は非常に大きいと我々は認識しています。これからの産地を支え、活性化していく上でＪＡにどのようなことを期待されているでしょうか。

上平　生産者はいろんなアイディアを持っていますので、そのアイディアを提案した時に一緒にやってくれるということです。これからは生産者も作ってばかりではだめだと思います。生産者が選果、販売などのいろんなアイデアを出していきますので、それに対して支援して、共にやってもらえればいいと思います。

秋竹　有田みかんの産地もたしかにブランド化していますが、やはり今後の有田みかんを支えていく後継者が少なくなっています。私たちの世代がまだ現役でやっていますが、まもなくリタイアすることになります。ＪＡで農業者を増やすのは無理としても、新しい人を入れて、もっと産地を支えられるような方法はないかなと思います。私たちの世代も、できるだけ農業法人としてみかんの産地のリーダーシップを取る方向に持っていきたいと考えていますが、ＪＡでも農業生産をやれる人を集められる取り組みをしてもらいたいと思います。

中村　非常に難しいですが、ＪＡのなかで成功しているのは、地域やその地域の生産者の中にリーダーがいるような場合です。農協の中に今日ここにおられる方々のように引っ張っていってくれる人がいることが大事で、そういった地域の中のリーダー的人材を育成してもらうことが重要だと思います。また、行政で開催する説明会にも積極的に参加してもらったり、わからないことをどんどん質問してもらうような、お互いに風通しの良い関係構築が必要です。

総括　産地と産地論の未来

進行　最後に、シンポジウムの基調講演をされた小田先生から総括のご意見をおうかがいします。

なお、会場の方から小田先生の産地論に関して質問があります。実際、産地の問題とは具体的に何なのかという質問の回答も含めて最後にご意見をお願いします。

小田　まず、シンポジウム全体を踏まえて産地の問題とは具体的に何なのか、もう一度触れておきますが、生産と消費に大きな転換、変化があるということだと思います。特に産地における生産をみると、従来は産地というものは単線的に発展すると捉えられがちでしたが、今は多様な経営体が生まれてきている一方で、多くの生産者が撤退するという状況になっています。消費動向の変化を反映して、例えばかんきつ類だけ見てもみかん以外のいろんな品種が増えてきています。そういうなかで、従来の産地という概念が変質してきて、昔のような意味での産地ではとらえられなくなってきたと考えています。

また、今日は果樹に焦点を当てたのですが、果樹農業自体がもともと農業問題になりにくいとも考えます。ある地域にとっては経済的に非常に重要な部門でも、農林水産省や地域行政の政策の中に果樹はあまり入ってきませんでした。果実の商品的特質、たとえば腐らないうちに売る必要があるといった条件があって、農協共販は大きな力を持っている一方で、地域にいろんな中間主体が生まれ、いろんな活動を行っています。そういうなかで、私たち研究者は産地論について再検討する必要があると感じています。

これから我々が研究しなければならないことを一言でいえば、多様性をどう収斂させていくのかということで、重要なのは地域ビジョンを産地としてどう確立していくのかに尽きます。そのための地域のガバナンスをどうするのか。先進的なリーディング・ファームも出ていますが、そうしたところと地域の他の農家と、どう連携しながら産地として統治していくのかを考えなければなりません。実際に農地を使って、農業をするのは非常に大変なのですが、そういうことを長期的にやっていけるのは、農業者のつくる農協であり、農協が地域ビジョンの共有に努めていく必要があると思います。ただ理念だけではだめで実技があって成り立つわけで、いろんな生産者、地域主体が実際にやってよかったと思えるような取り組みを仕組んでいく必要があります。

3 産地再編・再生とＪＡや行政の役割

〈第6回パネルディスカッションより〉

産地の活性化や維持における関係機関の役割評価

進行　産地の役割、活性化、維持のため、ＪＡや行政機関が担ってきた役割をどう評価されているのか、どのような役割を果たしていくべきなのかお聞きかせください。

掛田　梅の産地は大変な状況のなかで、一つの例として、和歌山県が紀南地方にうめ研究所を２００４年に設置しました。それ以降、紀南地方の生産者の技術が飛躍的に発展したということがあります。それまでも梅は日本一の生産量を誇っていたものの、技術的にはほとんど勘や経験に基づいており、それを実証してきました。新しい品種の梅も開発されていますし、ＤＮＡの解析も進んでいます。そういう意味で産地の維持発展に大変貢献してくれています。それから行政によるトップセールスを繰り返して販路を拡大していただいたということもあります。

現在の大変な状況になるまでに、10年くらい前から「梅は本当に大丈夫なのか」という議論があって、生産者側にもそういった不安がありながらも、年によって価格が値上がりしたり暴落したりという繰り返しでした。やはり値段が上がればまだまだ行けるのではないかというような思いを抱いてしまうわけです。梅の特異性というものかもしれませんが、生産者もＪＡも行政も、梅にあまりにもしがみつきすぎていると思います。梅の状況がいい時でも、食生活の変化とか高齢化等に基づいて、梅の

第６回 シンポジウム・パネルディスカッション概要

日　時：平成 26 年 12 月 6 日（土）

●開会挨拶

伊藤順一　京都大学大学院農学研究科生物資源経済学専攻専攻長 教授

●基調講演１

小田滋晃　京都大学大学院農学研究科 教授

「わが国における果樹産地の変貌と産地再編」

●基調講演２

若林剛志　農林中金総合研究所 主事研究員

「産地の再編と農業関係機関の役割」

●パネルディスカッション

テーマ「産地再編・再生とＪＡや行政の役割」

パネリスト（氏名 50 音順）

掛田一史　ＪＡ紀南生産販売委員会連絡協議会 元委員長

亀井義則　大分県指導農業士会 元会長

小春　修　ＪＡおおいた杵築柑橘選果場 場長

天田聡志　ＪＡ紀南 常務理事 営農本部長

中村昭之　近畿農政局生産部園芸特産課 課長

コメンテーター（氏名 50 音順）

信貴竜人　大分県南部振興局生産流通部 主幹

瀬津　孝　一般社団法人 農業開発研修センター 常務理事

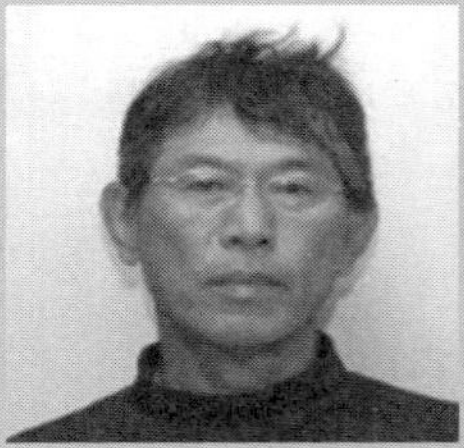

掛田農園　事業主
JA 紀南生産販売委員会
連絡協議会　元委員長
掛田《かけだ》　一史《かずふみ》

１９５８年生まれ。１９８５年に就農。梅栽培農家の三代目。梅・みかん・スモモの複合経営から梅単作経営への転換を進めてきた。２０１０年に、農業経営の安定化を図ることを目的として、農家３名で地域農産物の販売会社を設立する。また、地域で急増している獣害対策のため、地域の後継者たちと罠の狩猟免許を取得し、その保護に努める。

消費予測、生産予測を立てた上で次の一手を考えていれば、今の状況は多少改善できたのではないかと、ＪＡに対しても行政に対しても評価をしています。

亀井　みかんの産地に関しては、１９６５年の大暴落によって温州みかんではやっていけなくなって、そこが一つの再編という時代です。当時ハウスみかんに取り組むことで、非常に安定した経営につながっていったのですが、ちょうど平成10年代半ばから原油価格の高騰により非常に厳しくなってきたのです。その解決の一つとして、うちの場合農協と一体になって取り組んできたことが重要な要素であったと思います。行政にも、産地化などの取り組みをしていただきましたし、リース農園や露地団地につきましては市、県、農水省、農政局なども含めての取り組みで他の地域にも参考になったということもあります。もちろん産地でのリーダーの役割は非常に大きいですし、それをリードしていくＪＡの役割が重要になっています。前のＪＡ杵築の時代は生産部会が中心となって、自分たちの農協であるという意識をもって進めてきたわけです。ただ、ＪＡ大分として合併されて以降、全体としてそうした意識が弱くなったかなと思うので、農協が組織改革などでどう取り組むかが今後の課題だと思います。

小春　私は1980年に農協に入り、営農指導に携わってきました。私が入ったときは約800人の会員が杵築の管内にいたのですが、それから起きたみかんの低迷、価格の暴落のなかで唯一ハウスみかんを亀井さんが確立されました。それで杵築の行政、議員から柑橘頑張ってくれと激励をうけ、国、県、市の様々な補助等をいただきながらやってこれました。当初からハウスみかんもこれほど植えず、露地の産地のままだったら今は違う品目を作っていたと思います。最近また重油が高騰しているのですが、燃料価格が一定以上になると補填する国のセーフティネットや、国や市による省エネが図れるヒートポンプのリース事業があって、そういう形でも支援されています。

30年以上やっていて一番思うのは、JAの生産部会の中にあるかんきつ研究会が、他の産地にはないもので、組織が本当にまとまっているということです。いろいろな部会長が率先して、あらゆる事業を展開しています。

今後は、杵築の産地、そしてJAおおいたとしていかに生き残るかが課題です。以前から使っている改植事業を有効に使いながら、今後少しでもみかんで残れるようにしていきたいと考えています。ただ、JAおおいたという大きな組織になりましたので、組織的に難しいといわれるところもあると思うのですが、私としてもJAおおいたの農産物、かんきつの出荷の一元化もやっていま

農事組合法人狩宿営農組合　顧問
大分県指導農業士会　元会長
亀井《かめい》　義則《よしのり》

1945年生まれ。
19歳より温州ミカン栽培を始めたが、生産量の急増による価格の大暴落もあり、1973年より兼業農家となる。1979年、ハウスみかん栽培を決断、第二次オイルショックで諸条件が厳しい中、先進産地のリーダー農家の圃場に出向き、いろんな人との出会いが人生・経営の転機となった。高品質・濃紅のうまいハウスミカンの安定生産と、早期加温栽培技術の確立により、経営安定ができるようになり、2008年より、燃料価格の高騰もあり、ハウス2棟にスナップエンドウを導入し、品目転換による経営改善を図っている。

JA おおいた杵築柑橘選果場
場長
小春《こはる》　修《おさむ》

1960年生まれ。1980年杵築市農協に入組し柑橘指導一筋で、2001年にJAおおいたに合併後、杵築柑橘選果場の場長となる。入組して、はや34年の年月である。当選果場は、生産量3300㌧、販売金額14億円で、ハウスみかんから始まり温州みかん、施設中晩柑（デコポン・美娘）を主体とした周年集荷体制の選果場である。

すし、少しでも皆さんに還元できるようにお手伝いをしている状況です。

天田　田辺市では梅振興室、隣町のみなべ町にはうめ課というセクションがありまして、支援をいただいています。今後の産地をどうしていくかに関して、中山間地域での農業は目を覆うほど衰退している。限界集落では高齢者しかいなくて、農業しろといってもなかなかできません。今考えているのは集落営農を推進していきたいと考えています。大量消費の時代は終わりましたので、こだわりあるいは物語を作れるような産物を産地では、生み出したいです。なかなか簡単ではありませんが、地元で言っているのはオンリーワン、ナンバーワンの作目を作ろうと取り組んでいるところです。

中村　果樹で何かが売れると、みなさん集中して作ってしまって、何年後かにその値段が暴落するということがあります。国として5年に1度の目標を立て、果樹の振興方針、たとえば加工はこんな形で推進しましょうとか、関係団体と検討しながら方針を立てています。それに基づいて各県が振興計画を立てます。たとえばみかんなら何㌶で、どのくらい出荷する、どのくらいの品目をするといったこと、そして5年間で例えば品質を重視するといった計画を立てて、それに従い進めていきます。そのなかで、品質向上するための計画を立てた産地に選果場を作ることもありますし、そういう振興計画を立ててそれに基づいて進めるのが行政の役割であると思います。

進行　コメンテーターの信貴さん、瀬津さんから、パネリストの方のご報告について感想やご意見をお願いします。

信貴　今日亀井さんや小春さんが紹介された杵築は、大分県のなかで非常に大きな産地で、露地みかんからハウスみかんの産地にうまく転換できた成功事例でした。現在ハウス用の重油価格が高騰して、杵築も産地として苦しいところです。海岸部を中心に大分県には昔からの露地のみかん産地が多くあるのですが、ほとんどがさらに厳しい状態にあります。何が厳しいかというと、価格や鳥獣害もそうですが、一番は担い手がいないことです。ここ10年で高齢化が急速に進んでいて、今後10年を考えると怖くなってしまいます。当然行政という立場で仕事をするなかで、解決策を皆さんと一緒に考えていかないといけないです。

瀬津　本日のテーマの産地の再編、産地の活性化、地域づくりには、私どもの農業開発研修センターの事業とも関連する地域農業振興計画づくりが極めて大切ではな

JA紀南　常務理事
営農本部長
天田《てんだ》　聡志《さとし》

1957年生まれ。販売課、店舗課を経験後、1992年4月に加工課に配属。2013年3月までの21年間、紀州梅干し等の営業販売に携わる。この間、2年間の東京駐在を経験。2013年6月より営農本部長となる。現在、政府より農協改革を迫られており、真の意味で農協自らが変革する絶好の機会ととらえるが、基本は発足当時からの農協法の理念である「農協は組合員の協同組合であり、その活動は組合員の経済的社会的地位の向上を図るためにある」を貫くことであると感じている。

いかと思います。私どもが2013年度に市町村やＪＡを対象に行ったアンケート調査の結果から特徴的なことを申し上げれば、繰り返しになりますが、地域農業振興計画策定に当たり行政とＪＡがあまり連携していないことが明らかになりました。産地の維持活性化では関係機関が一体となることが必要で、市町村とＪＡが共有できる計画づくりが目指せないかと強く感じました。ＪＡと生産者や生産者部会、行政がきちんと議論して計画を作ることが有効な産地の維持活性化の方向付けになると思います。それから、合併した市町村やＪＡがたくさんあるなかで、管内に非常に地域性がありますので、その地域性を分析して、組合の意向も踏まえて、産地の誘導方向、生産振興の方向を明確にしていくことが大事だと思います。

ＪＡの取り組み

進行　生産者自身による独自の試みに対するＪＡ紀南の対応を教えてください。

掛田　梅の販売会社の設立に関与しており、その経緯は、当時ＪＡ紀南の生産者組織の役員をしておりまして、梅干し業界の方やＪＡの梅干し関係の方のいろんな話を会議などで聞くなかで、はたして梅の将来性があるのかと思ったんです。いずれ必ず需給と供給のバランスが崩れていくであろうし、何より今は下級品しか売れず、一生懸命仕事をして本当に良いものができても、それが売れない。これでは地域の若い人たちの営農意欲がだんだん落ち込んでいくと思いました。そういう話を会社を一緒に設立することになるメンバーに、「儲けるためではなく、とにかく自分たちで販売をするために会社をつくろう」と話したんです。まず、やってみて成功する例ができれば、他の皆さんもそれを見て、自分でも踏み込んでみようという思いになってもらいたいということで会社を設立しました。

ところがうまくいかなかったんです。これには様々な理由があるのですが、そのメンバー3人が地域の様々な役をやっていて、毎日昼は農業の作業をする、夜は会議や催し物に行ったり、なかなか思うように会社の経営に集中できませんでした。それと、やはり商売というのはいろいろ難しいものだということです。どれだけ僕らが原価を抑えて商品を作っても、お客さんに届けるには必ず運賃がかかります。運賃を抑えることも考えましたが、原価を抑えても運賃でそれ以上にコストがかかってしまうわけです。そういう商売の素人が始めたということもあって今は休業していますが、失敗したとは思っていません。完全に会社を廃業する時が失敗です。今後はもう一度3人でいろんな勉強をして、売り方に関してもいろいろ考えて、見本になれるような六次産業化を成功させたいと思っています。

天田　掛田さんが会社を設立された頃、私は加工部の部長をやっておりました。私はその話を聞いたとき、これは加工部に対する挑戦状、「お前らよう売らんから、わいらで売ったろやないか」という意味かと思ったりもしました。でも、私もこの件のパソコンのフォルダーは「生産者が販売者」という名前にしていて、こういうことは生産者の取り組みは大切なことなので、どんどんやっていただきたいと思っています。そしてできる限り私はそういう試みを支援していきたいと考えています。

それから、生産者の庭先売買の話ですが、生産者でいくらでも、20円でも30円でもいいと言って売ろうと持ってくる人がいるんです。これはもう絶対阻止しないといけないと思っています。これは結局、生産者の足を引っ張ることになります。今いろいろと対策を考えていますが、大切なのは生産者の意識を変えることです。自分さえよかったらいいのではなく、産地を守るために生産者が何を考えて行動するかが一番の原点だと思います。

進行　大分、杵築では、亀井さんが部会長のときに後継者の育成のためどんな取り組みをされていたかご紹介ください。

亀井　それぞれの経営の後継者であるという面と、産地の部会や生産部会の後継者という側面があると思います。例えば、うちも息子が10年前から入って、5年前から経営者をしています。後継者になる話は特にしていなかったのですが、大学二年生のときに継ごうという話になりまして、それから1年は農水省の研修所に行かせました。農業を始めて10年が経ち栽培技術はそれなりにというところですが、経営のスキルについてはまだまだです。

それから産地の部会などで産地のリーダーをいかに育てるかということですが、私自身も結構長くそうした役をしてきて「杵築の亀井」といわれていたのですが、「いつまでも杵築が亀井の産地じゃだめだ」と言っていました。やはり、これはという候補を育てながら次のリーダーにしていくことが必要です。自分が若い時からこうして外に出てリーダーとして育てられたので、新しいリーダーが常に出てこないと活性化しないと思っております。

消費者へのアプローチ

進行　消費者教育の進め方や、消費者のし好の変化に対してどう対応していくべきか、お考えをお聞かせください。

中村　行政ではパンフレットなどを配っていて、例えばみかんの場合は効用や栄養などの情報をパンフレットなどに記載してアピールします。さらに、産地名を入れて産地や生産者が見える形にしてアピールしています。それから、近畿農政局の資料の中に、消費者動向のアンケートがありました。これは参考になります。一つは青果物は、日持ちしない、価格が高い、面倒くさいといった評価を受けています。また販売方法を聞いたのですが、そのなかでも、店頭で試食をさせてほしいといった回答が多くありました。

天田　農業というのは農産物だけを生産するのではなく、農業・農村の多面的機能をもっと政府に宣伝していただきたいと思います。多面的機能というのは洪水、土砂崩れとかを防止するとか、いちばん大事なのは人間の心に安らぎを与えるといったことですね。そういった多面的機能はある調査では8兆円もの価値があるといわれています。だから農業・農村はなくしたらいけないのです。それをぜひPRしていただいて日本の消費者の皆さんも少し高いけど、国内産を買っていただきたい。ヨーロッパなどはそうですから、そういうことをもっと考えていただきたい。カロリーベースの食料自給率は39％、戦争や異常気象、輸入品が入ってこない食糧危機の可能性は十分にあります。だから日本を守るということでぜひ考慮していただきたいと思います。

亀井　消費者の意向にどう応えていくかということですが、みかんなどで消費者の志向が変わってきて我々もハウスみかんに代えていきました。消費者の意向を把握するために、我々のところでは女性の部会の皆さんが販売促進をしています。そうした機会を通してお話をさせていただいていますし、販売担当の流通関係の方から情報を得ています。そしてそれに応えていくことが一番多いですね。消費者教育は非常に難しいことですね。果樹ではありませんが、私も水田の集落営農を立ち上げました。そこで小学生に農作業体験をしてもらっています。こういう取り組みも必要だと思います。

小春　最近、一番進めているのが小さい子供にみかんを食べる習慣をつけさせることです。ジュースは飲むが果物は食べないということが多いようです。小学生が社会見学で選果場に見学に来た時にみかんが好きかどうか聞くんですが、お菓子は食べるがみかんはあまり食べられていないのです。昔はこたつの上にみかんが山盛り乗っていて、手が黄色くなるまで食べていました。だから、みかんを食べる習慣、おいしい食べ方を広める必要、つまり食育が必要になるのです。例えば学校給食のほうからやってもらって、一日果物は200グラム必要といわれますが、みかんなら2個食べればいいんですよ。リンゴの場合は1個でいいんです。それがなかなかできてなくて、みかん離れがおこっている。できるだけみかんを食べてほしいと思います。

掛田　田辺市が梅干しの消費販売あるいは青梅の講

●コメンテーター（第6回）
大分県南部振興局生産流通部
主幹

信貴《しぎ》　竜人《たつひと》

大阪府東大阪市生まれ。1991年に鳥取大学農学部卒業後、大分県入庁。果樹の普及指導員として7年間、試験研究員として5年間、県庁で果樹の生産振興および補助金事務を3年間、農業改良普及事業を2年間、担当した。その他、1995～1997年に青年海外協力隊員としてグアテマラ共和国に派遣され、2006年に自治体国際化協会の自治体国際協力専門家派遣事業で中国に派遣される。

習会といった場を設けています。直接生産者が対面販売をして、いろんな栽培の苦労や健康面をPRする。生産者は消費者の考えや関心ごとを知って帰ってくる。そうやって生産者と直に会って話を聞くということが消費者教育につながると思います。

それから消費者に応えていくことに関しては、梅干しのイメージはまず健康であること。しかし今は塩分の取りすぎが問題視されていて、どう梅干しを商品開発していくのか、非常に大事なことになってきます。

信貴　消費者教育に関しての現状、問題点をお話しします。学校給食の部分です。単純に考えるとみかんの産地である杵築市で、極端に言うと毎日給食で出せばよいという話になります。県、市が補助金をつければよいということもあるのですが、一番問題なのは給食というのは非常にデリケートな部分がありまして、一食いくらという価格の設定がありますし栄養素に関しても一日当たりの糖や塩分の摂取量とかカロリーなど設定があります。また、公平性が大変重視されていて、人によってみかんの大きさが異なるということが許されません。栄養士さんとも議論するのですが、縦割り行政というところがあって、うまくいっていないのが現状です。これは大分県だけではなく他の地域でも同じことになっているので、そこについては何とか打開していきたいです。

もう一つは、消費者教育の事例を挙げますと、今年、大分県の佐伯市では農業高校の学生さんに地元の農業を知ってもらうため、バスに乗せて一日かけて案内しました。今の農業高校はほとんど非農家の方です。卒業後に農業される方もあまり多くありません。学校の一日の行事が終わって感想文を提出してもらったのですが、農業高校の学生さんが地域の農業を知らないことに驚きました。地域でどういう産品が作られているのか、どういう農業がされているのか、全然わからないんです。消費者教育という点ではまず、地元の人に知ってもらうことが非常に大事なのかなと思います。

◆注

（1）周年マルチ点滴灌水同時施肥法のことで、一年中マルチを敷いたままにし、自動化システムによる灌水施肥をマルチの下に敷設した点滴チューブで行うことによって、省力と高品質果実生産を実現できる。マルチとドリップ（点滴）を略して「マルドリ方式」と呼ばれる。

第Ⅱ部

農企業の多様な進化

第5章　JAにおける地域農業振興計画の現状と課題
――アンケート調査結果を踏まえて

瀬津　孝

1　はじめに

本章では、産地づくりや産地の活性化に欠くことができない地域農業振興計画を取り上げる。地域農業振興計画を定義すると、「ある地域空間に存在する多数農業経営群を包摂し、統一的な意思決定の主体のもとにこれを組織化し、運営・管理することによって外部経済の形成をはかり、集積の効果を追求し、これによって当該地域における農業生産の発展、農業従事者の生活水準の向上による福祉の増大をはかるための、規制と誘導の方策」とされる。要するに、「誰が、何を作って、どう売るか」の最適の組み合わせを創り出し、地域の農業・農村の売り上げの拡大と所得の増大を図るための計画であるとされる(1)。地域農業振興計画には行政、あるいは

ＪＡや土地改良区などが策定主体であるもの、さらには農業振興地域整備計画のように法律にもとづき策定されるものがあるが、ここではＪＡが策定する計画を取り上げ、現状と課題を検討する。

ＪＡグループでの地域農業振興計画は、第14回全国農協大会で「（組合員の）営農と地域の農業の振興計画をたてる」（１９７６年）と初めて提起され、その後、第19回大会（１９９１年）まで策定のための全国運動が提起され続けるが、その後、名称を変え、現在では「地域農業戦略」の策定が提起されている。しかし、現場のＪＡにおいては、「地域農業振興計画」の名称で策定されているＪＡが多く、ＪＡの地域農業振興対策の基本となっている。

そこで、筆者が参加した「地域農業振興・活性化に果たすＪＡの役割に関する調査研究」において、全国のＪＡに対して地域農業振興計画策定の実態を解明するためのアンケート調査を実施した[2]。

本章では、この調査結果を手掛かりとして、ＪＡにおける地域農業振興計画策定の現状と課題の検討を行う[3]。

2　アンケート調査の概要

まず、アンケート調査の概要を解説しておく。

調査の対象は北海道および東北３県（岩手県、宮城県、福島県）を除く全ＪＡとし、調査期間は２０１３年11月15日～12月２日とした。

調査票の配布方法は全国のＪＡの営農担当部署に郵送し、回収方法は同封した回答用紙をファックスにて返送する方法を採用した。

調査票を配布した555組合のうち175組合から回答（うち、県単一構想実現JAは4組合）があり、回収率（集計率）は31・5％であった。

表1　地域区分別にみた回答状況

単位：組合、％

地域区分	実数	構成比
東北	17	9.7
北陸	21	12.0
関東・東山	38	21.7
東海	18	10.3
近畿	25	14.3
中国・四国	34	19.4
九州・沖縄	22	12.6
合計	175	100.0

注：地域区分
東北：青森・秋田・山形
北陸：新潟・富山・石川・福井
関東・東山：茨城・栃木・群馬・埼玉・千葉・東京・神奈川・山梨・長野
東海：岐阜・静岡・愛知・三重
近畿：滋賀・京都・大阪・兵庫・奈良・和歌山
中国・四国：鳥取・島根・岡山・広島・山口・徳島・香川・愛媛・高知
九州・沖縄：福岡・佐賀・長崎・熊本・大分・宮崎・鹿児島・沖縄

3　地域農業振興計画策定をめぐる4つの論点

今回のアンケート調査結果をみてみると、計画策定にあっては多様性がみられ、決して画一的な実態ではないことが明らかになった。

そこで、地域農業振興計画策定をめぐって、地域農業振興計画と中長期経営計画との関係性、計画原案の策定と採択・決定のあり方、計画内容のあり方、組合員意向調査や合意形成の取り組みの4つの側面に着目し、論点と若干の課題の検討を行う。

(1) 地域農業振興計画と中長期経営計画との関係性をめぐって

まず、地域農業振興計画と中長期経営計画との関係性をめぐってである。

最初に、アンケート調査結果から地域農業振興計画とＪＡの中長期経営計画との関係性をみてみる。回答した173組合（不明を除く）のうち、地域農業振興計画を中長期経営計画とは別に単独策定している単独型（以下「単独型」という）は84組合（48・6％）であり、中長期経営計画の一環で策定している一環型（以下「一環型」という）は80組合（46・2％）であり、未策定のＪＡを除外すると、計画策定の実態は二分されている（表2参照）。

さらに、これを地域区分別に見ると、関東・東山、東海、近畿は前者が比較的多く、東北と九州・沖縄は後者が多い（表3参照）。

前者の地域農業振興計画の計画期間（不明を除く）は、３か年計画37組合（48・１％）と５か年計画25組合（32・５％）で８割を占める。また、後者の計画策定ＪＡ80組合のうち、長期経営計画のみ策定が４組合（５・０％）、中期経営計画のみ策定が73組合（91・３％）、両計画（中期＋長期経営計画）の策定が３組合（３・８％）

表 2　ＪＡの地域農業振興計画の策定状況

単位：組合、％

	実数	構成比
合計	173	100.0
1．長期経営計画	4	2.3
2．中期経営計画	73	42.2
3．地域農業振興計画	28	16.2
4．いずれの計画も持っていない	9	5.2
5.「1」+「2」	3	1.7
6.「1」+「3」	1	0.6
7.「1」+「2」+「3」	8	4.6
8.「2」+「3」	47	27.2
地域農業振興計画を単独策定（注 1）	84	48.6
中長期経営計画の一環で策定（注 2）	80	46.2

注1：「3」+「6」+「7」+「8」=「単独型」という。
　2：「1」+「2」+「5」=「一環型」という。

表 3　ＪＡの地域農業振興計画の地域別策定状況

単位：組合、％

地域区分	単独型（注 1）		一環型（注 2）	
	実数	構成比	実数	構成比
合計	84	51.2	80	48.8
東北	4	25.0	12	75.0
北陸	10	47.6	11	52.4
関東・東山	22	61.1	14	38.9
東海	10	62.5	6	37.5
近畿	16	69.6	7	30.4
中国・四国	17	54.8	14	45.2
九州・沖縄	5	23.8	16	76.2

注1：地域農業振興計画を中長期経営計画とは別に策定している。
　2：中期および長期経営計画のいずれかまたは両方策定している。
　3：構成比は地域区分内の構成比（未策定 9 組合を除外）を示している。

と、中期経営計画の一環で策定するＪＡが９割を占める。さらにその中期経営計画を計画期間別にみると、策定した１２１組合（不明を除く）のうち、３か年計画１１２組合（92・６％）、５か年計画６組合（５・０％）と、３か年がほとんどである。

以上のことから、地域農業振興計画を中長期経営計画とは別に単独策定したか、中長期経営計画の一環で策定したかはおよそ二分されることがわかった。さらに、前者の場合は策定期間が３か年と５か年とに分かれるが、後者は３か年がほとんどとみることができる。

こうした各ＪＡにおける計画策定の実態を生起させている要因として、２つの点が指摘できる。

１つは各都府県中央会の管内ＪＡの地域農業振興計画策定に対する指導方針が影響しているとみてよい。今回の調査研究で確認した調査地だけでも、愛媛県は地域農業振興計画を中長期経営計画とは別に単独策定という方針であったのに対して、長野県では中長期経営計画の一環で策定という方針であった。ただ、いずれにおいても、各ＪＡの判断で計画策定され、県内が画一的では必ずしもなかったという実態もある。

もう１つは地域農業振興計画とＪＡの中長期経営計画との性格の差異に起因しているところが大きい。この点については先行研究ですでに理論的検討が加えられており、「計画主体」と「計画策定主体」という２つの概念を用いて、その差異を説明できる。(4) すなわち、ＪＡの策定する地域農業振興計画においては、「計画主体」は農家組合員あるいは農業集落であり、「計画策定主体」は農家組合員になり代わってのＪＡである。一方の中長期経営計画の一環での地域農業振興計画はＪＡの経営計画であることから、農家組合員を慮ってということはもちろんあるであろうが、「計画主体」「計画策定主体」はいずれもＪＡである。先行研究で指摘されているとおり、後者には１００％の実行性が問われ、前者はそれを必ずしも求めるものではないと峻別している。換言すれば、「計画策定主体」として、計画遂行の「計画責任」において、両者には差異が生じるといえる。

計画策定態度として、どちらを選択するかの是非はあえて決着する必要はないと考えるが、ＪＡによる地域農業振興計画はこういった性格をはらんでいて、「計画策定主体」であるＪＡの地域農業振興に対する誘導計画の性格が強く、関係者にはこうした点の的確な認識が必要であろう。(5)

(2) 地域農業振興計画の原案策定と採択・決定をめぐって

2つめは地域農業振興計画の原案策定と採択・決定をめぐってである。

ここでも、アンケート調査結果から地域農業振興計画の原案策定と採択・決定の状況をみてみる。回答した164組合（不明を除く）のうち、単独型と一環型を対比してみてみる。

単独型の原案策定方法・体制（複数回答）は「1．特定部課係が策定」が55組合（65・5％）と最も多く、次に「2．ＪＡ内にプロジェクトチーム（以下「ＰＴ」と表記）設置」が30組合（35・7％）、「3．行政等関係機関を加えたＰＴ」が18組合（21・4％）、「4．行政等関係機関と共有する計画づくり」が14組合（16・7％）、「5．原案策定の委員会設置」が14組合（16・7％）であった。一方、一環型も、「1」が47組合（58・8％）と最も多く、次に「2」が22組合（27・5％）、「3」が7組合（8・8％）、「4」が6組合（7・5％）で、「5」は9組合（11・3％）であった（表4参照）。

次に、採択・決定までの審議経過を審議機関別にみてみる。

まず、「1．集落座談会」は単独型8組合（9・5％）、一環型17組合（21・3％）で、後者の方が多い。また、「3．生産者部会」は単独型13組合（15・5％）、一環型12組合（15・0％）であり、集落座談会とともに、意外に少ない。そこで、「2．支所・支店運営委員会」をみると、単独型9組合（10・7％）、一環型6組合（7・5％）と、同様に少ない。「5．計画策定委員会」は単独型が22組合（26・2％）で、一環型の10組合（12・5％）よりや

表 4　地域農業振興計画の原案策定方法・体制（複数回答）

単位：組合、％

策定体制	単独型		一環型	
	実数	構成比	実数	構成比
合計	84	100.0	80	100.0
1．特定部課係が策定	55	65.5	47	58.8
2．ＪＡ内にＰＴ設置	30	35.7	22	27.5
3．関係機関を加えたＰＴ設置	18	21.4	7	8.8
4．関係機関と共有する計画づくり	14	16.7	6	7.5
5．原案策定の委員会設置	14	16.7	9	11.3
6．コンサル会社の活用	6	7.1	1	1.3
7．上記以外の体制で策定			5	6.3
8．不明	2	2.4	8	10.0

や上回っている（表5参照）。

最終の採択・決定の状況を表す「7．理事会」は単独型64組合（76・2％）、一環型53組合（66・3％）で、経営管理員会制度を採用しているJAを斟酌すると、約7～8割である。さらに、「10．総会・総代会」は単独型38組合（45・2％）、一環型37組合（46・3％）である（表5参照）。

以上をまとめてみると、地域農業振興計画の原案策定は、単独型、一環型を問わず、ＪＡの特定部署が行うところが約6割と最も多く、ＰＴ設置の取り組みは全体の3割程度である。そのなかで、「3．行政等関係機関を加えたＰＴ」「4．行政等関係機関と共有する計画づくり」では、あまり原案作成での連携があるとはいえないなかで、単独型が一環型よりやや多く、単独型の方が関係機関との連携が意識されているといえる。

審議経過では、単独型、一環型を問わず、集落座談会、支所・支店運営委員会、生産者部会の位置づけがやや弱い結果となっている。地域農業振興計画の最終の採択・決定にあっても、単独型、一環型を問わず、理事会・経営管理委員会で7～8割、総会・総代会は半数以下という結果である。

以上の状況を踏まえて、地域農業振興計画の原案策定と採択・

表 5　地域農業振興計画の採択・決定までの審議経過（複数回答）

単位：組合、％

審議機関	単独型		一環型	
	実数	構成比	実数	構成比
合計	84	100.0	80	100.0
1．集落座談会	8	9.5	17	21.3
2．支所・支店運営委員会	9	10.7	6	7.5
3．生産者部会	13	15.5	12	15.0
4．部課長会議	37	44.0	32	40.0
5．計画策定委員会	22	26.2	10	12.5
6．理事会専門委員会	34	40.5	32	40.0
7．理事会	64	76.2	53	66.3
8．経営管理委員会の担当委員会	8	9.5	6	7.5
9．経営管理委員会	10	11.9	2	2.5
10．総会・総代会	38	45.2	37	46.3
11．上記以外の組織等	4	4.8	2	2.5
12．不明	2	2.4	11	13.8

決定をめぐっては、次の2つが指摘できる。

1つは、地域農業振興計画の原案策定に当たっては、当該担当部署が原案策定することは当然としても、単独型、一環型を問わず、行政等関係機関との連携の仕方や集落組織、組合員の意思反映組織（支所・支店運営委員会等）などの事前審議のシステムが定立されていないという点である。

2つは、採択・決定のあり方である。ここでは、単独型と一環型の制度的な差異を認識しておく必要がある。すなわち、農協法（第73条の22第3項）に基づき全国中央会が定めた模範定款例（第39条第1項第4号）では総会（総代会も準用）の決議事項として「この組合の事業の運営に関する中長期計画の設定及び変更」を義務づけていることから、一環型は総会・総代会で採択・決定がなされなければならない一方、単独型は、当該規定を拡大解釈して一環型と同一に考えることもできなくはないが、その点に関する直接的な規定がない。また、今回の調査研究での事例調査（愛媛県）でも総代会での報告事項扱いというケースがみられた。前項で指摘した地域農業振興計画の性格からすると、原案策定および審議過程・採択・決定のあり方には、総代以外のリーダー層も想定し、農業振興大会（仮称）などで採択・決定といった、ＪＡの経営計画とは異なる工夫も必要であろう。

（3）地域農業振興計画の計画内容をめぐって

３つめは地域農業振興計画の計画内容、特にその総合計画性・体系性をめぐってである。この点を検討するため、同様に計画内容と地域計画策定の状況をみてみる。

まず、アンケート調査の調査票の設計に制約があるが、調査結果から計画内容の実態をみてみる。「1．年次別計画」では単独型が58組合（69・0％）、一環型が58組合（72・5％）で、両者に差異はなく、7割が策定している。「2．作付面積等数値目標」は単独型36組合（42・9％）、一環型33組合（41・3％）と4割であるが、「3．販売額の数値目標」は単独型44組合（52・4％）、一環型57組合（71・3％）と、後者が高い。逆に、「4．営農類型」は単独型36組合（42・9％）、一環型15組合（18・8％）と、後者が低い。「5．中心となる担い手の目標数」「6．担い手への農地集積割合目標」の項目は両者とも相対的に低い（表6参照）。

地域計画策定の有無では、「6．地域計画を持っていない」が単独型 29組合（34・5％）、一環型28組合（35・0％）と、３割強ある。地域計画の単位は、「2．営農経済センター単位の計画」が24組合（28・6％）、一環型21組合（26・3％）と、両者とも相対的に高い（表7参照）。

以上をまとめてみると、地域農業振興計画の内容として、多くが年次別計画を策定しているものの、数値目標では、販売高目標が半数を超えるが、それ以外の項目は半数を下回っている。特に、担い手数や農地集積率はあまり示していない。さらに、地域計画を未策定が3割強で、策定しているところは営農経済センター単位

表６　地域農業振興計画の計画内容（複数回答）

単位：組合、％

計画内容	単独型		一環型	
	実数	構成比	実数	構成比
合計	84	100.0	80	100.0
1．年次別計画	58	69.0	58	72.5
2．作付面積等数値目標	36	42.9	33	41.3
3．販売額の数値目標	44	52.4	57	71.3
4．営農類型	36	42.9	15	18.8
5．中心となる担い手の目標数	19	22.6	10	12.5
6．担い手への農地集積割合目標	12	14.3	2	2.5
7．進捗状況のチェックシステム	23	27.4	13	16.3
8．不明	6	7.1	6	7.5

表７　地域農業振興計画の地域計画策定（複数回答）

単位：組合、％

地域計画の単位	単独型		一環型	
	実数	構成比	実数	構成比
合計	84	100.0	80	100.0
1．ＪＡ支所単位の計画	11	13.1	22	27.5
2．営農経済センター単位の計画	24	28.6	21	26.3
3．ブロック別単位の計画	8	9.5	7	8.8
4．市町村単位の計画	13	15.5	9	11.3
5．旧市町村単位の計画	6	7.1	3	3.8
6．地域計画を持っていない	29	34.5	28	35.0
7．不明	3	3.6	4	5.0

が単独型、一環型を問わず、相対的に高いといえる。

以上のことから、地域農業振興計画の内容は、アンケート調査結果からみただけでも多様性と精緻度にかなりの差異が存在していることがわかる。地域農業振興計画の計画内容には、計画範域の地域農業課題を解決するための総合計画性・体系性が求められるが、同時に前望性と実現性を併せ持つことが求められる。[1] そのためには、数値目標の設定の仕方が極めて重要である。

ところで、計画範域の地域農業課題を解決するための総合計画性・体系性は理想的な形態を意味するのではなく、あくまで解決可能な地域農業課題の解決のための実行計画であるべきである。あまり問題となっていないあるいは解決不能な地域農業課題に関しては計画作成対象から除外することも視野に入れることとし、その意味での総合計画性・体系性は考慮しなくてもよいであろう。[6] 逆に、計画範域によって地域農業課題は異なることから、特に広域合併ＪＡにあっては地域計画の策定による計画全体の補充性を高めることは必要であろう。なお、「計画主体」「計画策定主体」が組合員農家あるいは農業集落である「地域営農ビジョン」「人・農地プラン」は、地域農業振興計画の地域計画の内容との連携は必要であるが、これらが地域農業振興計画を直接構成するということにはなり得ないといえよう。

（４）地域農業振興計画の策定過程における組合員意向調査・合意形成をめぐって

４つめは地域農業振興計画の策定過程における組合員意向調査・合意形成をめぐってである。この点を検討するため、同様に組合員等に対するアンケート調査実施の有無と意見交換の実施状況をみてみる。

アンケート調査を未実施と回答したのは単独型47組合（56・0％）、一環型39組合（48・8％）と前者の方が多いが、およそ半数前後が実施していない。実施したＪＡにおける調査対象をみると、「1．正組合員」は単独型25組合（29・8％）、一環型22組合（27・5％）と最も多く、次に「7．生産部会員」単独型10組合（11・9％）、一環型13組合（16・3％）と続き、選択肢で示した「2．准組合員」、「3．一般地域住民」、「6．総代等リーダー組合員」、「8．集落組織代表」などは両者とも1割を下回っており、実施率は高くない（表8参照）。

次に、我々のアンケート調査では第2項でみた審議機関とは別に、計画策定過程でどのような意見交換が行われたかを聞いている。これも、未実施と回答したJAからみると単独型25組合（29・8％）、一環型29組合（36・3％）と、後者の方が多く、3割以上が実施していない。

実施したJAにおける意見交換の対象をみると、単独型では「1．生産部会等生産者組織」35組合（41・7％）、「7．市町村」34組合（40・5％）、「3．青壮年部等後継者組織」26組合（31・0％）、「8．都府県普及センター等」26組合（31・0％）、「2．女性部等女性組織」16組合（19・0％）、「5．集落営農組織」13組合（15・5％）の順に高い。一方、一環型では「1」26組合（32・5％）、「7」15組合（18・8％）、「8」14組合（17・5％）、「2」11組合（13・8％）、「3」11組合（13・8％）、「5」8組合（10・0％）の順である（表9参照）。すなわち、単独型は一環型より各層との意見交換の実施率が高く、対象としては、生産者組織、女性組織、後継者組織との意見交換が相対的に多いが、集落組織とはやや低い結果となっている。また、行政との意見交換では、市町村、都府県ともに単独型の方が実施率が高く、かつ、市町村の方が都府県より実施率は高い。

以上のことから、計画策定過程におけるJAによるアンケート調査では、半数程度のJAしか実施しておらず、計画策定手法としてまだまだ確立していない状況といえる。また、計画策定時の各種の意見交換の実施率も総じて高い状況ではない。

以上の状況を踏まえると、組合員農家や組合員組織等各層の意向調査や合意形成のための意見交換をめぐっては、2つのことが指摘できる。

表 8　計画策定のためのアンケート実施の有無・調査対象（複数回答）

単位：組合、%

アンケート調査の対象	単独型		一環型	
	実数	構成比	実数	構成比
合計	84	100.0	80	100.0
1．正組合員	25	29.8	22	27.5
2．准組合員	4	4.8	6	7.5
3．一般地域住民	2	2.4	1	1.3
4．直売所利用者	3	3.6	4	5.0
5．農業後継者（青壮年部員）	7	8.3	3	3.8
6．総代等リーダー組合員	7	8.3	3	3.8
7．生産部会員	10	11.9	13	16.3
8．集落組織代表	8	9.5	3	3.8
9．上記以外の対象	3	3.6	1	1.3
10．実施していない	47	56.0	39	48.8
11．不明	3	3.6	13	16.3

表 9　計画策定のための意見交換の有無・対象（複数回答）

単位：組合、%

意見交換の対象	単独型		一環型	
	実数	構成比	実数	構成比
合計	84	100.0	80	100.0
1．生産部会等生産者組織	35	41.7	26	32.5
2．女性部等女性組織	16	19.0	11	13.8
3．青壮年部等後継者組織	26	31.0	11	13.8
4．集落営農組織	13	15.5	8	10.0
5．集落組織	6	7.1	6	7.5
6．荷受会社・卸売会社	4	4.8	2	2.5
7．市町村	34	40.5	15	18.8
8．都府県普及センター等	26	31.0	14	17.5
9．上記以外の対象と実施	10	11.9	3	3.8
10．実施していない	25	29.8	29	36.3
11．不明	1	1.2	12	15.0

1つは、アンケート調査や各種の意見交換が計画策定手法として確立していない状況といえることから、その定型化が求められることである。地域のくらし、環境問題等計画課題の広がりとともに、地域の一般住民や女性組織、さらには外部の各種地域組織との意向調査や意見交換の意義が増していると考えられることから、こうした取り組みの重要性も高まっていよう。

2つは、アンケート調査や各種の意見交換の取り組みが徹底されたとしても、組合員農家や各層との計画内容にかかる合意形成・調整問題をはらんでいることである。計画内容の原案作成をめぐって、計画課題によっては合意形成のためのフィードバックを繰り返し、調整していくことになる。このことは間違いなく計画の実現可能性を高めることにつながるが、一方で、調整を繰り返すことにより、現状の改善に役立たない計画になりかねない懸念もある。住民（組合員）参加型による計画が責任のとれる計画主体の計画（例えば、JA主導による計画）と比べて地域を変革することができるかといった点には疑問が呈されているところである。(7)その必要最低限度をどう見極めるかが課題であろう。

4　おわりに――浮き彫りになった課題

本章では、アンケート調査結果を手掛かりとして、JAにおける地域農業振計画策定の現状と課題の検討を行った。その結果、以下の課題が明らかになった。

まず第1に、地域農業振興計画と中長期経営計画との関係性をめぐってである。地域農業振興計画が中長期経営計画とは別に単独で策定されているか、中長期経営計画の一環で策定されているかによって実態はおよそ二分されるが、地域農業振興計画の性格上、後者の場合、ＪＡが「計画主体」となっても「計画責任」が曖昧になるという問題がある。

第2に、地域農業振興計画の原案策定と採択・決定のあり方をめぐってである。前者では、行政等との連携のあり方や組織内の事前審議システムの定立が求められる。また、後者では、計画の最終決定機関を総会・総代会とする比率が計画タイプにかかわらず高くない。しかし、地域農業振興計画の性格からすると、総会・総代会付議に加えて、総代以外のリーダー層も想定し、農業振興大会の場を設けて採択・決定するといった工夫も必要であろう。

第3に、計画内容のあり方をめぐってである。アンケート調査結果からみただけでも、ＪＡ間に多様性と精緻度にかなり差異があることがわかった。内容として、多くが年次別計画は策定しているが、数値目標では、販売高の目標を除き、担い手数や農地集積に関してはあまり示していない。計画の要件として、計画範域の地域農業課題を解決するための総合計画性・体系性が、そして内容には前望性と実現性が求められるが、そのためには数値目標の設定のあり方が重要である。

第4に、地域計画をめぐってである。計画範域によって地域農業課題は異なることから、特に広域合併ＪＡにあっては地域計画の策定による計画全体の補充性を高めることは必要であろう。

第5に、組合員意向調査や合意形成の取り組みをめぐってである。計画策定過程での組合員意向調査や各種の意見交換が計画策定手法として確立していない状況といえる。従って、その定型化が求められるが、そこには組合員農家や各層との合意形成・調整問題をはらんでおり、その必要最低限度をどう見極めるかが課題であろう。

注

（1）小池恒男「第3章第3節　地域農業振興計画の特質と計画主体・計画の策定主体・実行主体」（一社）農業開発研修センター編『地域農業振興・活性化に果たすJAの役割に関する調査研究報告書』2012年3月

（2）本調査研究は、農林中金総合研究所からの委託に基づき、調査研究班（主査：小池恒男　滋賀県立大学名誉教授）を組織して取り組み、その成果は（一社）農業開発研修センター『地域農業振興・活性化に果たすJAの役割に関する調査研究（Ⅲ）調査研究報告書』（2014年3月）に取りまとめられている。

（3）本章は拙稿「地域農業振興計画策定手順にかかる諸課題の整理」、前掲書（2）第4章第3節を加筆・修正している。

（4）小池恒男、前掲稿（1）

（5）拙稿「地域農業振興計画策定の意義と課題」、前掲書（1）第3章第2節

（6）能美誠「地域農業計画研究と計画課題の扱い方」『農業経営研究』31（3）、1993年、31～39頁

（7）樋口昭則「計画論的接近」地域農林経済学会編『地域農林経済研究の課題と方法』第3節、富民協会、1999年

第6章 フランスの地産地消をめぐるダイナミクス

戸川律子

1 はじめに

「美食の国」フランスは、国連教育科学文化機関（ユネスコ）無形文化遺産である食文化（「フランス人の美食術」）の保護と環境に配慮した持続可能な農業の発展を目指している。その一環として2010年に制定されたフランス農業近代化法において、「食料安全保障」、「食の安全性」、「食育」、「食文化の保護」を4つの柱とした「全国食品プログラム」を打ち出した。

本章は、この4つの柱を体系化するキーワードとして採択されている地産地消に注目し、プログラム制定に至る経緯と地産地消に呼応する「農・食ネットワーク（農業生産者、フードサービスの提供者、消費者のつながり）」

の展開の論理を考察することを課題とする。フランスは欧州連合（以下、ＥＵ）で最も高い農業生産額を誇り、グローバル化に対応する大規模農業が発展している一方、近年は地域と密着した農業経営を目指す小規模経営型農業との二極化の傾向にあるとされる。その実態を確認しつつ、フランスにおいて地産地消を実践する小規模農業経営のイノベーションを代表する３つの事例を検討することで上述の課題に接近する。

2 フランスにおける〈食〉に関する公共政策の開始

本節では、２０１０年に制定された「フランス農業近代化法（以下、ＬＭＡＰ）」[1]を受けて発足した「全国食品プログラム（以下、ＰＮＡ）」[2]を検証し、そこでの地産地消の位置づけを明らかにする。フランスは、予防医学の観点から国民健康政策における横断的なプログラム「国民栄養・健康プログラム（以下、ＰＮＮＳ）」を策定したヨーロッパで初めての国である。しかし、２００１年に制定されたＰＮＮＳは法制化によるものではなく、公共政策の範囲で策定されていた。その意味において、ＰＮＡは大きな意義をもつ。フランスでは、それまでその時々の情勢に応じて食品についての法律が制定されてきたが、ＰＮＡを契機として、包括的な食品政策が確立することとなったのである。すなわち、ＬＭＡＰの第一条において11の方針を定めたＰＮＡを制定し（表1）、3年ごとに当該分野での活動を国会報告することを規定したもので、フランスは法律に依拠して、国を挙げて〈食〉に関する公共政策を開始したといえよう。

ＰＮＡは、ＬＭＡＰの方針を受け、フランス農業・農産加工業・林業省（以下、農林省）がイニシアチブを取り、地産地消の推進を掲げ、「食品に対するすべてのアクセスを促進させる」（第1軸・食料保障）、「品質の高い食

表1　全国食品プログラム（PNA）11方針

1	特に貧困層に適切な量と品質の注意を払いつつ、すべての人々に食料安全保障へのアクセス確保
2	農産物および食品の安全性の確保
3	ヒトまたは動物によって消費される動植物の保健衛生
4	食農教育、味覚教育、栄養教育の実施および食品情報の公開
5	食品関連企業者の正確かつ適切な情報提示
6	農産物の品質の確保
7	環境を尊重した生産と流通、廃棄物の削減
8	テロワール産品の尊重
9	地理的乖離の少ない流通経路の開発
10	公共施設および民間施設における団体食への地元の農産物供給
11	フランスの食品および料理の文化遺産化の促進

資料：Loi n° 2010-874 du 27 juillet 2010 de modernisation de l'agriculture et de la pêche より筆者作成

料の供給を発展させる」（第2軸・食の安全性）、「食品についての知識や情報を改善させる」（第3軸・食育）、「フランス食品および料理の文化遺産化を促進させる」（第4軸・文化保護）の4つを軸として、85の取り組みを決定した。

フランス農林省は、地産地消という概念は、〈農〉に関わるすべてに関連し、農業に多様性を与え、その推進は大きな経済的効果をもたらす可能性があると指摘する。そして、「生産と消費の間が直結している、あるいは、仲介業者がいる場合においても1業者のみ」という流通経路の開発が重要であるとした。さらには地産地消を推進するためには、インターネットの利用も欠かせないことにも言及した(3)。

フランス農林省では地産地消の調査が行われており、同省広報誌alim'agriに掲載された調査結果（2009年）によれば、16・3％の消費者がすでに地産地消を実践していることが判明した。地産地消を実践している産物のうち53％が農産物、47％が農産物の加工品で、後者についてはすべて生産者の手によるものである。その追跡調査である2012年のデータでは地産地消を実践する消費者は20・1％に上昇している(4)。購入方法は、農場での直売によるものが50％を占め、18％がマルシェなどでの野外販売による購入である。これらの調査結果は、消費者の「地元産」への期待の大きさをあらわすとともに、地産地消向けの販売が小規模農家にとって重要な収入源になりうることを示唆している。地産地消は今後ますます大きくなることが予想されるとして、生産者はその期待に応えその市場を牽引するためにも、①生産物および加工品にラベル貼付するなどブランド化し、②農業生産物および加工食品の真正性を高め、③その地域に特異な伝統的産品（以下、テロワール産品）を推奨および産地を明確化し、④社会との結びつきを強め、⑤ツーリズム振興のための環境整備を行うことの5つが今後の課題とされた。

さらに、２００７年7月～10月に開催された「環境グルネル懇談会」を契機として、環境に配慮した有機農業の振興とともに、ニコラ・サルコジ大統領（当時）によって、「２０２０年までに有機農産物のシェアを現在の2％から20％へ拡大し、学校給食を含めた公的機関の団体食で用いられる食材の20％を有機農産物にする」という目標が掲げられた。しかし、公的機関の団体食の20％を有機農産物にするには、国内産有機農産物だけではまかなえず、大量の輸入が避けられないことが確認されたため、フランス農林大臣ステファヌ・ルフォルは２０１４年12月2日に、ＬＭＡＰの方針９「地理的乖離の少ない流通経路の開発」に従い、ＰＮＡ推進の重要項目として、「公共施設および民間施設における団体食には、地元産の農産物を利用する」と述べ、「有機生産物・食品」から「地元産」へとシフトした(5)。

ユネスコ無形文化遺産

フランスは、それまで〈食〉の分野からの登録がなかったユネスコ無形文化遺産代表リストに、保護すべき文化遺産としてフランスの〈食〉を申請した初めての国でもある。フランス消費研究センターが無形文化遺産登録に向けて行った「フランスの食品に関する調査」（２００９年7月）においても、フランス人の95・2％

は、「美食というフランスの文化遺産は自らのアイデンティティの一部である」と回答し、そのうちの98・7％がそれらを保存し、後世に残したいと考えていることが明らかになっている。[6] テロワール産品（特定の地理的独自性・特異性を有する産品のこと。詳細な定義は後述）および伝統的料理（以下、地方料理）の文化遺産保護の振興は、フランス各地域における自治体の自主的な運営を促進させるとして期待されている。

冒頭に述べたとおり、「フランス人の美食術」は2010年11月にユネスコ無形文化遺産に登録され、食文化の保護とツーリズムとを関連づけ、テロワール産品と地方料理の振興とその伝達を目的とした食育が促進されるようになっている。フランスでは、農村部には人口の少ない市町村（コミューン）が多い一方で、都市部のコミューンには人口が集中するという過疎過密の問題と、それに起因する社会的経済格差が長らく課題となっている。小規模な市町村は財政面で非効率であるという判断から、「コミューンの合併と再グループ化に関する1971年7月16日法（通称マルスラン法）」[7] が制定され、国は市町村合併を推奨する施策を講じてきた。しかし、伝統的な生活単位であるコミューンへの愛着がそれを妨げ、成果は上がらなかった。その愛着の一つのあらわれが、テロワール産品や地方料理の存在である。それぞれの地方には、特産物、特にチーズ、ワイン、ハム等と料理が存在し、それらはその地方を地理的・歴史的に特徴づけるテロワールという概念を生み出した。

テロワールという概念は、現在、全国原産地呼称機構（ＩＮＡＯ）と国立農業研究所（ＩＮＲＡ）によって、以下のように定義付けられている。「テロワールとは、人間共同体が歴史を通じて、生産に関する集団的な知的ノウハウを作り上げてきた、限定された地理的空間である。この地理的空間は物理的、生物学的な環境と、人間的要素との間の相互作用システムに基づいている。この地理的空間では、社会的、技術的な軌跡が、このテロワールの産品に対してオリジナリティと特異性を付与し、評判を生み出すのである。（訳：農林水産政策研究所　須田文明）」。そして、ユネスコにおいても、テロワールの概念について、同定義が利用されるようになた。須田は、「テロワール産品の特徴が特異的 typique ないし真正 authentique であるのは、この特徴が地域に根付いた生産条件（自然的、人間的―伝統的ノウハウやローカルナリッジ―）に由来し、地域の様々なアクターによる良好な地域ガバナンスが機能している場合」であるとしている（須田・戸川２０１３）。すなわち、テロワールとは、〈食〉のグローバル化の原理とは異なる概念であるといえよう。

3　フランスにおける〈ロカヴォール〉という概念の定着

一方、フランス市民の間では、地産池消という概念はどのように普及したのだろうか。本項では、フランスにおける地産池消という概念の普及の要因とその背景について概観し、その定義を明確にする。

フランスにおいて、日本で使用されている「地産地消」とほぼ同じ概念として定着しているのが〈ロカヴォール〉という言葉である。Locavore とは、Local（地元の）に―vore という「…を食う（もの）、吸収する（もの）」の意である接尾語のついた造語である。―vore を伴う単語は、carnivore（カルニヴォール）という「肉を食う（もの）」や、herbivore（エルビヴォール）という「草を食う（もの）」などがある。したがって、Loca-vore は「地元産のものを食う（もの）」と訳すことができ、日本の地産地消とほぼ同じ概念で、「地産地消するもの（人）」と言い換えることができよう。

ロカヴォールフランス のウェブサイトによれば、〈ロカヴォール〉はフランスでつくられた言葉ではなく、２００５年にサンフランシスコで開催された世界環境デーにおいて使用されたことを契機としてフランスに普及したという。同年の環境デーは、「緑の都市：地球のための計画を」というテーマを掲げており、そこに参加していたカリフォルニア在住の女性４人が自らをアメリカの料理人ジェシカ・プレンティスの考えた造語の〈ロカヴォール〉と名乗り、地産地消の推進による地球の環境保護を呼びかけたことに端を発する。アメリカにおける〈ロカヴォール〉の定義との違いは、アメリカでは１６０キロメートル（１００マイル）圏内が「地元産」といわれる範囲とされているが、フランスでは、２００キロメートル圏内となっていることである。しかし、コーヒーやチョコレートなど地元で購入できないものがあることは確かで、それらは、「マルコ・ポーロの例外」と呼ばれ、〈ロカヴォール〉には、「地元産」に過剰に固執しないという自由度がある。フランスでは〈ロカヴォール〉という言葉の普及とともに、それを推進するアソシアシオン(8)などができ、後述するように、フランス全土の地産地消を推進している生産者、レストラン、生産者と提携するＡＭＡＰ（Associations pour le maintien d'une agriculture paysanne）などと〈ロカヴォール〉とを結びつけるためのウェブサイトや、インターネットで「地元産」が買える企業 La Ruche qui dit Oui!（ラ・ルッシュ・キディ・ウイ!、以下、ＲＵＣＨＥ）などが立ち上げられている。

ロカヴォールの３つの要素

フランスにおいて、〈ロカヴォール〉という言葉が広く浸透していった理由として、この概念には、同国で歴史的に重要視されてきた環境保護、食の安全性、社会貢献という３つの要素が反映されていることが指摘できる。

①環境保護

まず、第１の環境保護については、フランスでは１９６０年代以降、エコロジスト運動が常に存在していた。

第2次世界大戦後の復興をとげ、いわゆる大量生産・消費時代に突入し、国民の平準化の結果、豊かな大衆社会が生み出されたが、同時にこの過程は、環境汚染や自然破壊をも生み出した。近代化・合理化を追求した帰結として、生活の質を落とす環境の悪化を招いたことから、それまでの経済や社会発展のあり方に対する疑問がおこった。そのような状況下において、異なったニュアンスをもつ多様な、また細分化された社会運動として登場したエコロジスト運動は、その後環境保護、反核運動、軍事基地反対運動など様々な問題へと活動範囲を拡大し、さらには政治的な運動へと発展した。[9] 政治的な運動には組織化が必要となったが、エコロジー運動は、すでに述べたように基本的な理念を共有しながらも様々な政治傾向を含んで発展してきたため、その内部は対立と緊張の関係にあった。また個人主義的傾向の強まりが、組織への参加指向を弱めていた。[10] しかし、その一方で、地球温暖化や大気汚染、砂漠化など地球レベルでの環境問題の顕在化を受けて1992年にリオデジャネイロで開催された地球サミット「環境と開発に関する国際連合会議」では、「持続的な開発」が提唱され環境保護への意識はフランスをはじめ世界各国で高まりを見せていた。

②〈食〉の安全性

第2の〈食〉の安全性については、1996年にイギリス政府がBSEを引き起こすプリオンが食肉を通じて人にも感染する可能性があると報告したことを契機として、EUで牛肉の消費が大幅に落ち込み、消費者の〈食〉の安全性に対する信頼が大きく失われたという経緯がある。フランス政府は、同年にフランス産牛肉を表示するラベル（VFB）[11] を新たに導入するなど、消費者の信頼を取り戻すべくすばやい対策をとってきた。それはフランス市民の牛肉の消費行動を調査した結果、商品に産地表示のある専門店では牛肉消費の大幅な減少はみられなかったが、表示のないスーパーマーケットなどでは大幅な消費の減少が認められ、産地表示の重要性が確認されたからである。

また、同じ1996年には、遺伝子組換作物に対するヨーロッパ市民の反対運動がおこっている。国際アグリバイオ事業団[12]によれば、EU内で遺伝子組換作物を栽培しているのは、スペイン、ポルトガル、チェコ、ルーマニア、スロバキアの5か国に過ぎない。ヨーロッパ市民の反対運動は、アメリカのモンサント社の除草剤耐性大豆（ラウンドアップ・レディ）がEUにおいて承認されてから本格化した[13]。またアメリカ国内のみで飼料用に限定して栽培されていたスターリンク・トウモロコシが食品原料に混入していることが発覚した事件も、市民の強い懸念を招き、世界貿易機関（以下、WTO）において、遺伝子組換表示の義務化を求めるヨーロッパとそれを拒否するアメリカとの間で紛争となった[14]。

フランス市民も遺伝子組換食品については懐疑的態度を示している。たとえば、同国のジャーナリスト、映像作家のマリー＝モニク・ロバンが製作した、モンサント社の遺伝子組換食品の実態と同社のあり方にせまったドキュメンタリー映画『モンサントの不自然な食べ物（Le monde selon Monsanto）』（2012年）は、150万人を動員する異例のロングラン・ヒットとなった。また同作に続いて、これまで『未来の食卓（Nos enfants nous accuseront）』や『セヴァンの地球のなおし方（Severn, la voix de nos enfants）』などで食の重要性を訴えてきたフランスの映画監督ジャン＝ポール・ジョーによって、原子力発電と遺伝子組換をテーマとした『世界が食べられなくなる日（Tous cobayes?）』（2013年）も製作されている。

これらの影響力の強いメディアによる活動は、フランス市民の間に遺伝子組換作物に対する警戒心や反発を呼び起こした。2011年と2013年には、EUが唯一承認している害虫抵抗性のある遺伝子組換トウモロコシ（MON810）栽培禁止令には十分な正当性が認められないとして、同令に対する差し止め請求が通ったが、2014年3月、フランス最高裁判所はそれを棄却した。その後、市民運動活動家たちはMON810

トウモロコシの種をまいたとされる畑を襲撃した。このような過激ともいえるフランスにおける市民運動や活動家たちの行動は、「知ること」がフランス市民の選択の自由の保障を求めるものであることをよく示している。同年5月、フランス上院は、EUレベルにおいて承認されたものであっても、環境に対するリスクがあるとして、EUが唯一承認しているMON810トウモロコシの栽培を禁止する法案を可決した。

このような状況を背景に、フランス市民は〈食〉の安全性を重視するようになり、次第に有機農産物および食品（BIO）への関心を高めていった。1990年代初頭からそれら食品がスーパーマーケットで販売されて以降、有機農産物やその加工食品の需要は急速に拡大した。2001年に策定されたPNNSでは、生活習慣病を防止するため、「1日に5種類の野菜と果物を食べよう」というスローガンのもと野菜と果物の消費促進が目標の一つとされ、学校や病院など公共機関の団体食への導入が促進された。しかしそのキャンペーンが始まると同時に、フランス市民は政府が推進しているにもかかわらず公共機関の団体食に有機農業生産が利用されていないことを不満として、「どこで、どのようにして生産されたものを消費対象としているのか」と、政策当局に対する強い問いかけが投げかけられた（戸川2009）。

③社会貢献

最後の第3の社会貢献は、〈ロカヴォール〉を推進する意義を見出す最も重要な要素だといえる。たとえば、〈ロカヴォール〉を実践するための方法の一つに、AMAPというアソシアシオンへの参加がある。2001年に南仏で発足したAMAPは、生産者とその周辺に住む消費者が契約を結ぶ提携システムで成り立つ。両者はあらかじめ購買契約を交わし、消費者は生産者に半年分の代金を前払いし、生産者は旬の農産物を定期的に消費者に届ける。「地元産」を支える農業を支援し、農家に安定収入を保証するシステムである。

〈ロカヴォール〉は、以上述べてきた3つの要素がすべて含まれる概念である。フランスでは、BSEの問題を契機として、90年代後半から〈食〉の問題が多発した。それらの経験から、フランス市民は〈食〉の安全性に大きな関心を抱くようになった。そして、有機農業生産物・加工食品の需要が高まった。ところが、それらが、遠くから運ばれてくるならば、流通経路が長くなり、環境負荷がかかる。また、「顔の見える関係」は築けない。つまり、〈ロカヴォール〉という行為は消費者自らが行うトレーサビリティなのである。〈食〉の安全性が〈ロカヴォール〉の最も重要な関心事だとしても、〈食〉がさまざまな分野に関与することから、それのみを重視するのではなく、食べものの美味しさはもちろんのこと、自分たちの地域やそれを支える農家とコミュニケーションをとること、環境保護に貢献することなど、〈食〉を通した相互社会の関係にまで関心を示しはじめたといえよう。

4　フランスにおける農業の二極化——農業経営主の若返り

フランスの農業は、1960年に農業基本法が制定されて以降、一貫して生産性主義農政を追求してきた。しかし、近年はグローバル化に対応する大規模農業とその対極の小規模地域農業との二極化の傾向にある。本節では、統計資料を利用しつつ、フランスにおける農業の二極化の背景を明らかにする。

フランスの農業経営体は、農業センサスでは3種類の分類により集計されている。ここでは経営体の家畜飼養頭数や耕作面積を考慮して、それが生み出しうる潜在的成果（販売額と補助金）＝標準粗生産物（PBS）により経営規模が分類される。小規模経営型はPBS2万5千ユーロ以下、中規模経営はPBS2万5千～10万

表 2　フランスにおける農業経営体の規模割合（2013）

農業経営体規模	農地面積	経営数全体に占める割合
小規模	1 ～ 6 ha	25%
	6 ～ 89 ha	40%
中規模	89 ～ 154 ha	25%
大規模	154 ha 以上	10%

資料：Agreste, recensements agricoles

ユーロ、大規模経営はＰＢＳ10万ユーロ以上という具合である（須田２０１５）。表２に示すように、フランスでは、小規模経営体が最も多く65％を占め、そのうち農地面積が１~６ヘクタールしかない小規模経営体は全体の25％である。(15) 大規模経営体は10％に過ぎない。

フランス国立統計経済研究所（以下、ＩＮＳＥＥ）の２０１０年のデータによれば、表３の示すように、農業経営体数は日本と同じく大きく減少している。フランスには約49万の農業経営体が存在するが、その数は、１９８８年のデータと比較すれば半分以下に減少している。しかしその一方で、農業経営体のもつ平均農地面積は年々拡大されているので、農業の大規模化が進んでいる。また農業経営体の多くを占める個人経営の数は１９８８年には94万６千であったが、２０１０年には33万９千へと激減している。他方、農業法人の経営数は１９８８年には６万５千であったが、２０１０年には14万６千にまで増加している。

表４に示すように、日本の経営者の平均年齢は、２０００年において62・２歳、２０１２年に約４歳高齢化し、66・４歳となった一方、フランスの経営主の平均年齢は、２０００年において49歳、２０１２年においても50歳にとどまり、２０００年から２０１２年の間に変化がほとんど見られない。つまり、フランスでは農業経営体数は日本と同じく減少傾向にあるが、経営主の平均年齢については日本よりも若い。平均農地面積は拡大傾向にあるが、経営形態については、個人経営が減少し、農業法人が増加している。

表 3　フランスにおける農業経営体数の推移

	1988年	割合	2000年	割合	増減　%	2010年	割合	増減　%
農業経営体(総数)（千）数	1016.7	100%	663.9	100%	▲34.7%	490.0	100%	▲26.1%
個人経営（千）数	946.1	93.0%	537.6	80.9%	▲43.1%	339.9	69.3%	▲36.7%
農業法人（千）数	65.5	6.4%	123.7	18.6%	88.8%	146.6	29.9%	18.5%
その他	5.1	0.5%	2.6	0.30%	▲49.0%	3.5	0.7%	34.6%

資料：INSEE, Exploitation agricole より筆者作成

表 4　経営者の平均年齢

	2000 年	2012 年	2000 年対比率
フランス	49 歳	50 歳	102.0%
日本	62.2 歳	66.2 歳	106.4%

資料：（フランス）農林省統計、（日本）農業センサス

新規に農業経営をはじめる「新規農業経営主」については、フランス農業社会共済（以下、ＭＳＡ）の資料（２０１４）によれば、１９９９年以降、農業経営主として自立した数は1万２４００人前後で推移してきたが、２０１３年には1万３２００人となり、前年を6・2％上回り、７５０人の増加となった。そのうち、これら「新規農業経営主」の65・1％に相当する８６００人が、青年農業者就農助成の対象となる「40歳以下経営主」であり、その56・8％が農業法人として自立している。とはいえ、青年助成の対象外となる「40歳以上経営主」も、全体の26・8％を占め、前年を2・9％上回り、その53・2％が農業法人として自立している。「配偶者による40歳以上経営主」の自立は、全体の8・1％を占め、前年比１５・8％の増加で最も多い増加率を示すが、その83％が個人経営としての自立である。

「新規農業経営主」の継続率については、表5に示すように、２００７～２０１３年の6年間で、

表 5　新規農業経営主の継続動向（2007 ～ 2013 年）

	40 歳以下経営主（%）	40 歳以上経営主（%）	配偶者による40歳以上の経営主（%）
牛乳	93.3	80.4	55.6
牛肉	93.6	73.8	62.4
大量生産	91.8	74	67.7
複合生産	92.5	74	60.3
ワイン	84	63.9	58.4
平均	85.6	68	58.4

資料：MSA, Les installations de chefs d'exploitation agricole

「40歳以下経営主」の継続率が最も高く、平均値は85・6％であるが、ワイン以外の部門では、すべての部門で90％を超えている。「40歳以上経営主」では平均値68％の継続率で、牛乳部門において最も高い継続率を示している。「配偶者による40歳以上の経営主」の継続率は最も低く、平均値58・4％で、「40歳以上経営主」とは対照的に、牛乳部門が最も低い継続率を示している。

以上見てきたように、「新規農業経営主」は「40歳以下経営主」がもっとも多く、かつ継続率も最も高い数値を示していた。農業経営体が激減するなか、農業法人が増加傾向にある理由は、「新規農業経営主」のなかでも継続率が高い「40歳以下経営主」の半数以上、次に継続率が高い「40歳以上経営主」においても半数以上が農業法人を選択していたことによる。しかし他方で、後継者のない引退経営主が1万7230人に達し、前年より21％もの増加となっている。その結果、経営主の高齢化を避けることはできたが、農業経営体総数は前年の76・7％となり、農業人口の減少に歯止めがかかるまでには至っていない。また、「40歳以下経営主」の所有する農地面積は、平均35・5ヘクタールとなっているが、その50％は24ヘクタール以下であり、「40歳以上経営主」については、平均28・7％となっているが、その50％が17ヘクタール以下でしかなく、「40歳以下経営主」よりもさらに経営規模が小さいことがわかる。つまり、増加した「新規農業経営主」の増加の半数以上は小規模経営体においてである。

5 持続可能な農業と小規模経営型農業の抱える問題

それでは、以上見てきた小規模経営体の増加はどのような意味をもつのだろうか。本節では、フランスにおける小規模経営型農業の位置づけを明らかにする。

ＥＵでは、農業補助に関する制度や計画を扱うＥＵ共通農業政策（ＣＡＰ）がある。その第１の柱は、農業従事者の所得を保障するための「価格・所得政策」、第２の柱は、農業部門の構造改革、農業環境施策等を実施する「農村振興政策」とされている。農業従事者の所得を保障するための補助である「直接支払制度」を利用するためには、環境、気候変動、土地の良好な農業環境条件、植物防疫、家畜防疫、動物福祉に関する多くの制定法の要求を遵守することが義務付けられており、ＥＵ内における農村保護とともに持続可能な農業を促進することが意図されている。この第１の柱「価格・所得政策」のためのフランスの予算額は、ＥＵ内において第１位、第２の柱「農村振興政策」のための予算額は第３位である。

第二次大戦後、フランスは農業大国として発展を遂げた一方で、化学肥料や農薬を使用した生産性を重要視した農法により、水質や土壌の汚染が進んだ。有機農産物およびその加工食品の開発・振興を目的として設立されたＡｇｅｎｃｅＢＩＯによると、この対策として、農業環境を汚さず自然の力を利用した持続的農業の必要性が提起されるようになり、１９６２年に有機農業協会が設立されるなど、国の主導によって農業環境の改善への取り組みの基本的なベースが整っていった。１９８０年に有機農業が農業基本法に盛り込まれ、世界で初めて国による認証が開始された。しかし、生産者側での有機農業への就農の動きが活発化しはじめたのは、２０００年以降であった。

有機農業への転換中は休耕地となり、その成果はすぐには出にくいため、フランス全土の農地面積に占める有機栽培農地の割合は、２００７年では2％でしかなく、ＥＵ内で22位であった（表６）。その後市場の需要の高まりに応じて、有機農業へ転向する農業従事者が増加し、２００９年にはフランスの有機栽培農地面積は51万６千《ヘクタール》となり、転換中面積の15万４千《ヘクタール》を合わせると全体の２・５％に上昇した。２０１４年では、有機栽培農地面積は１１２万２千《ヘクタール》、転換中面積は40万３千《ヘクタール》とさらに拡大し、フランス全土の農地に占める割合は、４・１％に上昇している。有機農業経営体はおよそ２万６千となり、農業経営体全体の５・６％を占めている。有機農業経営体の平均農地面積は40・８《ヘクタール》で、有機農業を支えているのは小規模経営体であるといえるが、それは拡大傾向にあり、通常の農業経営と同様、有機農業においても大規模経営体との二極化が予想される。

有機農産物およびその加工食品には、フランス政府が認定する「ＡＢ」のラベルが表示されており、２０１０年７月からはＥＵ加盟国共通の有機ラベルを梱包に記すことが義務付けられた。これらのラベル（図１）はフランス市民の約90％が認知している。

有機ラベルを取得するには、遺伝子組換作物や農薬の使用は禁止、合成着色料や香料、化学調味料を使用せずに加工することが義務付けられている。乳製品や肉などについては、動物に与える飼料に規定があり、さらには、規定の面積以上のスペースで飼育されることが義務付けられている。また、レトルト・パックなどの加工食品で有機ラベルを取得する場合は、95％の原材料が有機農産物である必要があり、自然界では生産不可能なものに限り、人工の添加物などを使用することができる。しかしその場合も、使用可能な物質が決められている。

表 6　EU における農業生産額と利用面積に占める割合

欧州連合における農業生産額（単位：10 億 €）			利用農地面積における有機農業面積割合　(%)					
1 位	フランス	66.8	1 位	オーストリア	11.7	13 位	ドイツ	5.1
2 位	ドイツ	48.2	2 位	スウェーデン	9.9	14 位	ノルウェー	4.7
3 位	イタリア	46.1	3 位	ラトヴィア	9.8	15 位	リトアニア	4.5
4 位	スペイン	40.5	4 位	イタリア	9.0	16 位	イギリス	4.1
5 位	イギリス	23.6	5 位	エストニア	8.8	17 位	スペイン	4.0
6 位	オランダ	23.5	6 位	チェコ	8.3	18 位	ハンガリー	2.5
7 位	ポーランド	21.6	7 位	ギリシャ	6.9	19 位	オランダ	2.5
8 位	ルーマニア	17.0	8 位	ポルトガル	6.7	20 位	ベルギー	2.4
9 位	ギリシャ	10.4	9 位	フィンランド	6.5	21 位	ルクセンブルク	2.4
10 位	デンマーク	9.5	10 位	スロバキア	6.1	22 位	フランス	2.0
他の EU 加盟国		60.1	11 位	スロベニア	6.0	23 位	キプロス	1.6
			12 位	デンマーク	5.2	24 位	アイルランド	1.0

資料：Eurostat 2007 2008

図 1　有機農業生産物・加工食品に表示されるラベル

AGRICULTURE BIOLOGIQUE

AB ラベル

EU ラベル

フランスの有機食品に関する国内市場規模は50億ユーロで、2万6千の有機農業経営体のほか、食品加工業や流通業においては1万3千の企業があり、10万人の正規雇用者が働いている。[16] フランス市民は有機農産物およびその加工食品について関心が高い。公共施設である学校給食については約90%、病院については76%、高齢者施設および企業食堂については73%のフランス市民が有機農産物の使用を望んでいる。たとえば、２００９年度のパリ市では、学校給食において1週間に1回メニューの39%を有機農産物またはその加工食品にしていたが、パリ市民の要求が強く、２０１４年には毎回の給食に15%の有機食品を使用にすることに変更している。

このように、消費者による有機農産物およびその加工食品の要求が今後も高まると予想されるが、それに伴い、国内有機農産物市場だけでなく世界的な規模で競争が開始されつつある。ＥＵ内最大のフランス大手企業カルフールは、スーパーマーケットを世界中にチェーン展開しているが、２０１４年3月にパリ12区に初の有機食品のみを扱う１７０平方《メートル》のスーパーマーケットをはじめ、10月にはパリ郊外の高級住宅地にあるブーローニュ・ビヤンクール郡（以下、ブーローニュ）に同様の店舗を出店している。なお、カルフールは１９９２年から「カルフール・ビオ」という独自の有機プライベート・ブランドをはじめた先駆的スーパーマーケットである。２０１３年には、取り扱う有機商品は1千アイテムで、そのうち６００が食品類である。しかし、フランス産は１７０品目のみで、約70%をフランス国外から輸入している。また、フランス国産品目を拡大する予定にしており、国内仕入れ先とは長期パートナーシップをとるという。しかし、このような契約は大量生産が必要となり、小規模経営型農業では対応できない。つまり、このような状況にある小規模有機農業経営を支持する市場を支えるのは、たとえ有機農産物およびその加工食品であっても環境保護のために流通経路が長いことを好まない〈ロカヴォール〉なのである。

一方、１９９０年代から、小規模経営型農業では兼業農家が増加し、２００３年のデータでは農業収入が全体の60％にとどまっている。その収入額は2003年の最低賃金保障金額が年収1万1600ユーロであったのに対して、1万5800ユーロであり専業農家となるのは経済的に困難な状況にある。さらに有機農業は通常より60％の労力が増すといわれており、生産物に有機という付加価値はつくものの、労働力が経営主のみの場合、労働時間の延長を余儀なくされている。ところで、フランス衛生監視研究所（InVS）の報告によれば、経済的な不安や健康上の問題によって、2007〜2009年の間に農業従事者の男性417人、女性68人が自殺しているという。健康上の問題とは、第2次世界大戦後に1000種類以上の寄生動物駆除剤、殺虫剤が開発され、それらの散布による中毒症、悪性新生物（脳や皮膚、前立腺、白血病など）、パーキンソン病やアルツハイマー病、また過剰労働による反復性疲労障害などが挙げられる。それら多様なリスクを回避するため、過剰労働をせず週末は休み、定期的に休養をとること、農薬使用の危険性を知ること、経済的不安をなくすことが必要である。小規模型農業経営は個人経営者が多く、一人で閉じこもりがちであるが、そうなるのを避けるために、地域で社会ネットワークをつくり相互に助け合う組織づくりがMSAに勧告されている。(17)

6　〈ロカヴォール〉と生産者、あるいはそれらを結ぶアクター（主体）を交えて

この節では、フランスでは「生産と消費の間が直結している、あるいは、仲介業者がいる場合においても1業者のみ」という流通経路の開発が重要視されていることをふまえ、「生産者と消費者」、そして、それを結ぶアクター1つのみが関わる地産地消の取り組み事例を3つ紹介し、小規模型農業経営のイノベーションについて検討する。

（1）事例①マルシェ直売　ジョエル・チエボー

フランスでは、「地元産」の農産物を直接購入する方法がいくつか存在する。農場直売、共同直売所、朝市（マルシェ）での野外直売、バスケット、移動販売車、訪問販売、宅配、インターネットによる直売などである。地産地消がよく実践されている食品は、第1位がハチミツ（60％）、次いで、野菜（50％）、チーズなどの乳製品（50％）となっており、地産地消がよく実践されている地方は、第1位がコルシカ地方公共団体、第2位プロヴァンス＝アルプ＝コート・ダジュール、第3位ノール＝パ・ド・カレー、第4位ローヌ＝アルプ、そしてパリの位置するイル・ド・フランスとなっている。[18] このうち、ここではパリで販売している野菜農家を事例として選んだ。

マルシェでの販売は、地方によって異なるが、市場などで購入し販売する流通業者による出店が主流であり、生産者が直売している店は少ない。事例①は、マルシェで週に4回直売を行っている農業法人経営主ジョエル・チエボー（Joël Thiébault）への、2015年8月22日に16区にあるマルシェで行ったインタビューによるものである。マルシェでの販売で長い行列ができる「チエボーのつくる野菜」として消費者によってブランド化された有名な有機農業経営者である。

チエボー家は18世紀から続く野菜農家で、パリからわずか8キロメートルの位置に農場を持つ、園芸農業（マレシエ）を営む都市近郊農家である。1873年から住宅街のならぶ16区のマルシェで直売を行っている。フランスの土地は日本と違い乾燥地が多いが、チエボー家の農地はセーヌ川に沿う湿地で、野菜の栽培に適している肥沃な土地である。チエボーは大学に進学し理数系分野を専攻していたが、両親の仕事への熱意に打たれ野菜農家になることを決意する。2年間園芸農業を学んだ後、両親の土地を引き継ぎ、引退する隣の農家の土地を購入した後、1982年に資本金11万5千ユーロで起業した。2015年現在、国内で最も農地価格が高騰してい

写真1　マルシェで販売するチエボー

写真2　チエボーのつくる野菜

るイル・ド・フランスに、[19]22ヘクタールの農地を所有する、伝統的な家族経営体から発展した「農企業」である。

チエボーがパリで毎日列をつくるほどの客がくるまでに有名になったのは、1990年末のミシュランの星付レストランの料理人との出会いだった。チエボーはチエボー家が栽培してきた品種だけではなく、多品目の野菜をつくりたいだけつくり、マルシェで販売するようになった。夏季に向けてのマルシェでは品目が多く客から好評を得ていたが、冬季から春季に向けて品目が減っていくことに気付いた。そこでその期間のバリエーションを増やすためにさらに栽培する品目を増やした。それを繰り返すうちにチエボーは自分流の栽培方法と野菜へのこだわりを見出したのである。その方法とは、「3年を目途とした繰り返し収穫」であり、野菜へのこだわりとは「香り、歯ごたえ、色、形、風味」の5つであった。

チエボーは多様な野菜を知り、栽培したいという熱意のもと、可能な限り他国からも種子を購入していた。しかしそれらの品種は原産地の風土気候に合った場所で育てられたものであり、チエボーの農地の要素がそれらに影響を与え、農地に根付き、「チエボーの野菜」になるまでに3年を要するという結論に達したのである。そしてたくさんの品種を植え、継続して栽培するものを選別していった。マルシェには育てた野菜すべてを販売した。さらには同じ野菜であっても若いうちに収穫したり、成熟して

写真３　マルシェに並ぶ多種多様な野菜

から収穫するなど収穫時期を変えることによってバリエーションを増やした。それは顧客の野菜への興味を引き出すことにもなり、それぞれの持つ固有な好みに応えることにもなった。４メートルであった売り場は、次第に８メートル、12メートルと拡大し、膨大なバリエーションの野菜を販売していることが噂になった。それを聞きつけたホテル「ジョージⅤ」の料理長や、予約困難とされているレストラン「アストランス」の若くしてミシュランの３つ星を獲得したパスカル・ボルバが足を運ぶようになった。それらの料理人はオリジナルな野菜を探していたのである。大量生産や食品技術の向上により料理の味が均一化されるなか、常に要望の高い顧客に応え、他者との差別化を図り、斬新なメニューを開発するために彼らにとってチエボーは重要な存在となった。チエボーは料理人との会話のなかで、料理人の間にも、また料理によってもそれぞれ異なったコンセプトがあることを知り、同じ品種でもより多様化する必要があると感じ、料理人と一緒に彼らの求める固有の野菜を研究するようになった。料理人たちは、メニューに「チエボーの野菜」と表示したことで、次第に「チエボーの野菜」はガストロノミック・ミール[20]でブランド化され、一挙に有名になりマルシェにはいつも列ができるまでになった。

　チエボーはこのような経緯から野菜の多様性を重要視し、１５００品目を栽培、トマトだけでも70のバリエーションを持っている。また、持続可能な農業を目指す観点からも、できるだけ多くの在来種の保存を考えている。

（2）事例② 提携産直アソシアシオン AMAP

フランスのAMAPについては、すでに少し触れたが、日本の「産直提携」をモデルとしているということで、多くの研究者やジャーナリストによって日本でも紹介されている。(21) AMAPは、生産者と消費者が食料生産のリスクと利益を分担することによって農業経営の維持を図る自発的なコミュニティとして、国の補助や農業会議所の介入なしに成り立っている。AMAP会員は、半年分の購入金額を契約した生産者に前払いし、生産者の持参するさまざまな収穫物を組み合わせ、バスケット（フランス語でパニェ）に入れ、すべてを分け合い持ち帰るシステムである。

事例②は、2014年9月にパリ5区のフイヤンティーヌ・AMAP、およびこれと提携している農業経営主であるバティスト・ピア（Baptiste Piat）へのインタビューおよび農場見学にもとづくものである。(22) パリには48のAMAPがあるが、2005年に創立したフイヤンティーヌ・AMAPの特徴は、提携している生産者のピアが、ドイツの哲学者、教育学者、人智学者ルドルフ・シュタイナーによって提唱されたバイオ・ダイナミック農法(23)によって栽培された農産物を販売する有機農業経営主ということである。このAMAP会員となるには、会員費として15ユーロを支払い（1年ごとの更新）、毎週水曜日、19時～20時半の間に、商工会議所に配達された収穫物を取りに来る。主な会員規約は、①半年に1回以上は商工会議所での分配作業を手伝うこと、②会議がある場合には出席すること、③半年に1回以上は生産者の農場に手伝いに行くこと（写真4）、④天候災害には生産者の援助をすること、④天候災害で収穫がない場合、また天候不良で十分な収穫がない場合も返金はできないこと、⑤配給される収穫物はすべて生産者に任せられており、AMAP会員が選ぶことはできないことなどである。

筆者の見学当日、ピアによってトラックで配達されてきた野菜は、インゲン、キュウリ、トマト、セロリ、

写真４　農作業を手伝うAMAP会員

写真５　野菜を商工会議所に運ぶAMAP会員

フダンソウ、サラダ菜であった。渋滞に巻き込まれ、いつもよりやや遅れてトラックが到着したので、すでに商工会議所にいた会員たちはトラックまで野菜の詰められたコンテナを取りに行き、ピアとともに商工会議所に持ち込む作業を行った（写真５）。入口に立てかけられたパネルには運ばれてきた野菜の名前がすでに記入されており、１人当たり分配される重量が書き加えられている。それぞれがはかりで分量を量り、自分の購入分を取り分け、持ち帰る。バスケットはかなりの大きさがあり、１バスケットと半バスケットのどちらかのサイズを選ぶことができる。１バスケットサイズの価格は１回に19・５ユーロ（１ユーロ約１３５円で換算すると２６３２円）、半バスケットサイズの価格は１回に９・75ユーロ（１３１６円）である。今回の１バスケットの中身は、インゲン５００グラム、キュウリ１キログラム、トマト１キログラム、セロリ１株、フダンソウ４００グラム、サラダ菜２つであった。

ピアの農場は、シャンパーニュ＝アルデンヌ地方のオーブ県にあり、パリ市まで車では２００〜２３０キロメートルの距離である。現在は、フイヤンティーヌ・ＡＭＡＰを含め、パリ内のＡＭＡＰ２つとパリ郊外のＡＭＡＰ１つと契約し、全収穫物の３分の２がＡＭＡＰへ充てられている。オーブ県からパリ市まで配達距離が長いため、集配が一度に済む経路で配達できるように工夫をしている。ピアの両親も農業を営んでおり、ピアはすでに子どものころから農業経営主になることを目指していた。２００３年に５００平方《メートル》の農場から小規模経営型農業をはじめたが経営がうまくいかず、配偶者と兼業農業で生活をしていた。そこで２００７年にバイオ・ダイナミック農業に転向した。早朝に家族全員が農業を手伝い、その後それぞれ自分の仕事に出かけた後、ピアは一人で農作業を続けるという状況にあったが、その後は野菜や果物の品質が格段に良くなり、新しい顧客ができたという。ピアによると、これまでの有機農業の方法ではここまでの品質はできなかったことを強調している。

フランスではバイオ・ダイナミック農法で栽培する経営体は３００のみで、全体の０・１％にも満たない。フィヤンティーヌ・ＡＭＡＰとの契約も、バイオ・ダイナミック農業に転向した後に決まり、２０１０年から提携が開始され、農地は１・１《ヘクタール》に拡大した。ピア自身はこの転向は正しい判断だったと考えている。都市であるパリ市民の〈食〉への関心度は非常に高い。地産地消の観点からすれば、パリ市までの距離は決して近いとはいえないが、スーパーマーケットなどでも大量生産型の有機農産物およびその加工食品が手に入る状況ようになり、有機農業のなかでもバイオ・ダイナミック農業は差別化を図るための優位要素となるからである。

(３) 事例③　提携産直企業　ラ・ルッシュ・キディ・ウイ！

事例③のＲＵＣＨＥ（La Ruche qui dit Oui）は、これまで述べてきたＡＭＡＰと同じく、地産地消を推進することを目的とした生産者と消費者とを結ぶアクターの一つである。ＲＵＣＨＥとＡＭＡＰとの大きな違いは、ＡＭＡＰは非営利団体のアソシアシオンであるが、ＲＵＣＨＥは営利企業で、その特徴は地産地消とインターネットの利便性を結びつけたところにあり、その成長は著しく注目されている。ちなみに、「ＬＡ ＲＵＣＨＥ」とは養蜂箱を意味するフランス語である。

ＲＵＣＨＥは２０１１年９月にフランスのツールーズにおいて、インターネットの会員制注文販売を開始した。２０１５年現在、ＲＵＣＨＥ－ＭＡＭＡを本部として、ヨーロッパにおいて７００のＲＵＣＨＥ代理店が展開され、10万人の会員を擁している。ＲＵＣＨＥの創設コンセプトは、（１）食べ物の品質を維持すること、（２）農業、とくに小規模経営型の地域農業を守ること、（３）働く場を創設すること、（４）ウェブサイトを利用したコミュニケーションを行うこと、の４つである。

ＲＵＣＨＥのシステムは、本部であるＲＵＣＨＥ－ＭＡＭＡの運営するウェブサイトを利用した（１）生産者、（２）ＲＵＣＨＥ代理店、（３）消費者から成り立っている。ＲＵＣＨＥにおける「地元産」の範囲は、最大で２５０キロメートル圏内で生産されたものとされているが、生産者とＲＵＣＨＥ代理店の間の距離は、平均46キロメートル圏内とされている。

消費者は、まずＲＵＣＨＥ－ＭＡＭＡに登録をして無料会員となる。会員はウェブサイトに紹介された生産者の情報から食品を選び、ＲＵＣＨＥ代理店を選択し、そこに注文した食品を取りにいく。会員は常に同じ代理店を選ぶ必要はなく、自宅の近く、あるいは仕事場の近くなど自分の都合のよいＲＵＣＨＥ代理店をその都度選ぶことができる。

生産者は、ＲＵＣＨＥ代理店によって契約生産者になることができる。35％の提携生産者が「地元産」でなおかつ有機農業生産物および食品を取り扱っている。契約生産者は、会員の購入費の16・7％＋税金（半分の8・35％ずつ）をＲＵＣＨＥ－ＭＡＭＡとＲＵＣＨＥ代理店とに支払うこととなる。契約生産者は生活保障のための価格の決定権をゆだねられており、さらにはその価格を支持できる最低の数量に達しなかった場合においても、配達を取りやめることができる。しかし、その場合は、購入金額を会員に返済する必要がある。農業者を守るという同じコンセプトを掲げていても、すべてを事前に買い上げるシステムをもつＡＭＡＰとの違う点である。

ＲＵＣＨＥ代理店は最も重要な役割を担っている。それらがＲＵＣＨＥのコンセプトに合う生産者を見つけウェブ上で会員に紹介することで、これら3つのアクターによるウェブ上の円滑なコミュニケーションを実現することができるからである。基本的にだれでもＲＵＣＨＥ代理店になることができるが、自らが場所を決めて代理店とし、週に10～14時間程度の労働が必要となる。設置場所については規定されていないが、どこに代理店を置くかは会員の「利便性の要求」に応えるうえでも重要なポイントとなる。ＲＵＣＨＥ代理店の80％が30～50歳の女性で、88％がカップル世帯あるいは子どもを持った世帯である。また、彼女たちの約99％が食べ物の品質にこだわり、社会とのつながりを大切に考えており、95％が農業を支えることや環境保護に興味を持ち、インターネットの利用によってコミュニケーションを「学ぶ」機会が得られたことに満足している。すなわち、ＲＵＣＨＥのコンセプトに賛同し、自らが積極的に代理店を開いているということである。

7　フランスの社会的経済の伝統とインターネットの使用

以上、本章の課題とする多様な形態の地産地消を実践する小規模経営型農業の展開の論理を考察するために3つの事例を検討した。3つの事例に共通していることは、従来型の流通システムとは異なる以下の3つのポイントに絞ることができる。（1）農作物を標準化するという意図がないこと、（2）面倒な包装やマーケティングを除外し、多くの中間業者を省くことにより、スーパーマーケットと大きく変わらない価格を維持できる上に品質が良くなるということ、（3）これらの農産物は、むしろ大型経営には困難な特殊性が重要視されるため、趣向を凝らした自作農業や有機農業などに触発された農業実践に基づき栽培され、公害や工業化した農業のリスクとの戦いに加わること、である。そして、事例②と③においては、前者は生産者に配給の決定権があるためすべてが消費される。後者においては発注量がウェブサイトで事前に把握できるため、廃棄を最小限にすることができる。

一方、3つの事例で異なるところは、生産者と消費者を結びつける媒体にある。事例①のジョエル・チエボーは、彼と料理人の間の社会ネットワークは利潤そのものを目的としていない。また他の事例と異なり、間に介入者がいないように見えるが、多くのアクターが存在していた。すなわち、生産者と消費者という産直の関係をマルシェにおいて築いてきた。しかし事例②のＡＭＡＰは、むしろ、フランスの伝統的な社会的経済ネットワークを有し、主体間の相互関係は強い。その強さが今後の継続・発展に関係すると思われる。最後の事例③のＲＵＣＨＥは一見すると連帯経済ネットワークを有しているように見えるが、会員が増えればそれに応じてＲＵＣＨＥ代理店に経済効果があり、販売サイト上では生産者が競争にさらされる可能性がある一方で、生産者を守るためのシステムが希薄であるという点で連帯経済ネットワークとは異なる要素が見受けられる。注目すべきところは、ここでのコミュニティがインターネットにより支えられていることから、それらは広く浅くつながっていることである。しかし携帯やパソコンを利用し、時間にとらわれずに買い物ができる利便性は消費者にとって重要なポイントである。さらには、生産者自らがウェブサイトをつくるなどの費用や手間をかける必要がなく、これまでに知り合うことがなかった顧客にめぐりあえる。そして最大の強みは、ＲＵＣＨＥ-ＭＡＭＡのインターネットを利用した顧客管理、対応の即効性などである。ＲＵＣＨＥは、忙しい現代社会の状況に応じた、個人志向性を重要視した特徴をもっている。

フランスには、利潤そのものを目的としない協同組合およびアソシアシオン、つまり社会的経済（Economie Sociale）の伝統があった。それを基盤として、ＡＭＡＰの普及の広がりがあったと考えられる。一方、ＲＵＣ

ＨＥは新自由主義経済におけるオルタナティブとして位置づけられるという議論もあろうが、それがフランスにおいて受け入れられつつあることが注目される。今後のＡＭＡＰとＲＵＣＨＥの動向は、フランスのこれまで受け継がれた社会的経済の伝統の変化を投影するものと考えられるからである。

注

（１）フランス農業近代化法 Loi n°2010-874 du27 juillet 2010 de modernisation de l'agriculture et de la pêche（ＬＭＡＰ）。
（２）全国食品プログラム Le programme national pour l'alimentation（ＰＮＡ）。
（３）フランス農林省広報誌（２０１０年８月９日）。
（４）フランス農林省広報誌（２０１４年４月22日）。
（５）フランス農林省広報誌（２０１０年８月９日）。
（６）MATHE Thierry, TAVOULARIS Gabriel, PILORIN Thomas（2009）, La gastronomie' inscrit dans la continuité du modèle alimentaire français, CREDOC.
（７）コミューンの合併と再グループ化に関する１９７１年７月16日法 Loi n°71-588 du16 juillet 1971 sur les fusions et regroupements de communes。
（８）フランスでは、１９０１年のアソシアシオン契約に関する法によって、「自発性」「無償性」「組織性」を重視した団体が多様な社会活動を行っている。１９８３年にアソシアシオン国家審議会が設置され活性化し、約88万のアソシアシオンが存在する。
（９）G. Sainteny（1992）Les Verts, PUF〈Que sais-je?〉2eed, p.11
（10）G. Sainteny（2000）L'introuvable ecologisme français?, Presses Universitaires de France, pp.89-98
（11）ラベルにはフランス国旗と同じ三色が配色されている。ラベルの導入は他国産の牛肉の差別につながるとして、牛肉輸出国からの批判を招いた。
（12）国際アグリバイオ事業団（International Service for the Acquisition of Agri-biotech Applications）。

(13) 日本も同年に承認。
(14) 日本においては反対に醤油や油などの加工品への表示を除外した。
(15) 農業センサスの対象は1㌶以上、特別作物の場合のみ20㌃以上となっている。
(16) 参考：ＳＡ／Ａｇｅｎｃｅ　ＢＩＯ（２０１５年1月）。
(17) P. Ferreira (2013) Santé & travail : les agriculteurs cumulent les facteurs de risqué, FNMF
(18) Agrest-Recensement agricole 2010
(19) 前年比15％増、２０１４年平均価格は９２００／㌶で国内第3位、第1位はノー・パ・ド・カレ1万３４００／㌶、最下位はリムーザン３４００／㌶。
(20) 日本では美食術と訳される。アカデミーフランセーズによれば、料理を芸術の一つに位置づけ、贅沢で高級な食事を論じるのではなく、準備から味わうまでのすべてを含んだ〈食〉そのものを楽しむ知識や技法について学ぶこと。
(21) 例えば、レンヌ第2大学日本文化研究センター所長の雨宮裕子は「ひろこのパニェ」というＡＭＡＰをフランスで実際に立ち上げ、日仏会館での講演などで研究成果を発表し日本に紹介している。
(22) 科研Ｂ「非経済的要因を組み込んだ青果物消費構造モデルの構築と検証」〈課題番号：２５２９２１３７〉２０１３～２０１５年（代表：大浦裕二）を受けて実施したフランス調査に研究協力者として参加。
(23) ルドルフ・シュタイナーが自然、宇宙との調和を重視した農業歴にもとづき提唱した農法。アルバート・ハワード（イギリス）が東洋の伝統的農業から構築したオーガニック・ファーミングとならんで、ヨーロッパの有機農業の源流とされる。フランスでは１９５８年にバイオ・ダイナミック農法が開始された。

参考文献

須田文明（２０１５）プロジェクト研究「フランスの農業構造と農地制度」『主要国農業戦略に関する研究』研究資料　第6号　１０５～１８９頁

須田文明・戸川律子（２０１３）「テロワール産品の真正性と地域ガバナンス」『フードシステム研究』20巻3号、２６３～２６８頁
戸川律子（２００９）「若手研究者現地調査レポート（第14回）フランスの小学校教育における食育――味覚教育と栄養教育の取り組み」『BERD：つなぐ、研究と実践。生み出す、新しい教育。』15号、40～45頁
須田文明（２０１４）「社会的イノベーションとしてのＡＭＡＰ」『フードシステム研究』21巻3号、２５０～２５５頁
戸川律子（２０１４）「ユネスコ無形文化遺産登録が果たす役割についての日仏比較――両国の食生活の〈型〉の形成を通じて――」『フードシステム研究』21巻3号、１６４～１６９頁

第7章　飼料作産地の新たな動き

久保田哲史

1　はじめに

2015年3月に農林水産省で策定された「酪農及び肉用牛生産の近代化を図るための基本方針（酪肉近）」において、乳用牛および肉用牛飼養戸数の減少が続いていることや配合飼料価格の高騰などを背景に、個々の経営における飼養規模の拡大や草地改良、青刈りとうもろこし等の高栄養作物や水田を利用した稲発酵粗飼料（稲WCS）等の国産粗飼料の生産・利用の拡大が重要視されている。そして、酪肉近で示された畜産再興プランの実現推進本部において、今後3年間で緊急に対応すべき課題として、①繁殖雌牛増頭、②酪農生産基盤強化、③飼料増産が掲げられている。

乳用牛及び肉用牛の生産基盤に関して、畜産統計によると、乳用牛飼養戸数は最近の10年間に毎年4～5％の減少を示し、2015年では1万7700戸となっている。ちなみに、1960年以降のピークである1963年の乳用牛飼養戸数は41万7600戸であり、2000年は3万3600戸であった。1戸当たりの乳用牛飼養頭数規模は増加しているとはいえ、乳用牛飼養頭数全体では毎年1～2％の減少を示し、2015年では137万1千頭となっている。なお、1960年以降のピークである1985年には211万1千頭が飼養されており、2000年では176万4千頭であった。

肉用牛飼養戸数は最近の10年間に毎年4～7％の減少を示し、2015年では5万4400戸となっている。なお、繁殖肥育一貫経営を重複算入しているために総戸数とは一致しないが、子取り用雌牛飼養戸数は4万7200戸であり、肥育牛飼養戸数は1万1600戸である。ちなみに、1960年の総飼養戸数は役用としての飼養が多くを占めていたと考えられるが203万1千戸、役用としての飼養がほぼゼロと考えられる2000年では11万6500戸であった。やはり1戸当たり飼養頭数は増加しているとはいえ、肉用牛飼養頭数全体では毎年1～5％の減少を示し、2015年は248万9千頭となっている。この内訳は肉用種の肥育用牛と育成牛が112万600頭、乳用種が85万1400頭、子取り用雌牛が59万5200頭である。なお、1960年以降のピークである1994年は297万1千頭が飼養され、2000年は282万3千頭が飼養されていた。

このような乳用牛および肉用牛生産基盤の縮小傾向のなかで、2013年度の農林水産省「飼料需給表」に示される2013年度の飼料の純国内産自給率概算値を見ると、粗飼料は77％、濃厚飼料は12％、合計では26％であり、10年前の2003年度に比較して粗飼料は1ポイント、濃厚飼料は3ポイント、合計では3ポイント上昇している。

この飼料自給率の上昇は、２００３年と比較したときの２０１３年の家畜飼養頭数の減少、すなわちブロイラーが例外的に26・9％増加しているものの、乳用牛17・2％減、肉用牛５・８％減、豚０・４％減、採卵鶏３・１％減となっている反面、主として乳用牛と肉用牛に給与される牧草は79万8千㌶から74万５５００㌶へ６・６％の減少にとどまり、青刈りとうもろこしは９万１００㌶から９万２５００㌶へ２・７％増加しており、稲発酵粗飼料（稲ＷＣＳ）は５２１４㌶から２万６６００㌶へ増加しているためであると考えられる。また、主として中小家畜へ給与される飼料用米も２００４年の44㌶から２０１３年には２万１８０２㌶へ増加している。周知の通り、これらの飼料用作物の生産増加は、とうもろこしの国際価格や海上運賃、為替レート等の影響による配合飼料価格の高値傾向や、稲ＷＣＳおよび飼料用米への政策的な助成を背景としている。

このような畜産生産基盤の縮小と飼料自給率の上昇という状況のなかで、飼料作物を生産している産地ではどのような動きが見られるのであろうか。この点を明らかにするために、本章では、以下に示す４つの事例を取り上げた。第１に稲ＷＣＳや飼料用米の生産を行う北海道の水田作経営、第２にとうもろこしの生産拡大を進める北海道のＴＭＲ（Total Mixed Ration 混合飼料）センター、第３にとうもろこしの生産拡大を進める北海道のコントラクターと畑作の複合経営、第４に稲ＷＣＳや飼料用米の生産を行う九州の繁殖肉用牛経営である。第１～３はいずれも北海道上川地域の事例である。上川地域は水田作、畑作、畜産のすべての部門を持ち、北海道農業の縮図のような地域であり、各部門における飼料作の動きを把握するのに最適な地域である。また、第４は和牛子牛産地である南九州の鹿児島県大隅地域において、多彩な飼料生産に立脚しながら着実に増頭を続ける和牛繁殖の事例である。いずれの事例においても先進的な飼料生産が行われており、これら経営主体への聞き取り調査から飼料作産地における経営主体の新たな動きとそこでの課題を明らかにし、飼料作の将来を展望する。

2　飼料の六次産業化に取り組む水田作経営「Aのl《えーのー》」

（代表社員　大村正利氏　北海道上川郡愛別町）

（1）地域の概要

北海道上川地域は北海道中央部を南北に長く広がる地域であり、北は稚内市にも近い中川町や音威子府村から上川中央部の旭川市を通って南は南富良野町、占冠村まで広がっている。上川北部では稲作、畑作、酪農、上川中部では稲作、畑作、上川南部では畑作等が行われており（北海道開発局旭川開発建設部ウェブサイト）、北海道農業の縮図のような地域である。愛別町は上川中部に位置し、米、きのこ、畜産を基幹作目としている（北海道開発局同ウェブサイト）。2014年における耕地面積の85％以上が田である。きのこに関しては転作対応として1970年代から生産が開始され、現在ではきのこの里として知られる道内有数のきのこ産地となっており（北海道新聞旭川支社ウェブサイト）、とくにえのきたけは2005年において北海道の生産量の約75％を占める（栗原、2007）。畜産は肉用牛が主体である。愛別町の2006年の米産出額は10・3億円、肉用牛は7・8億円、また、2007年度のきのこ販売額は16・5億円（北海道新聞旭川支社同ウェブサイト）となっている。

（2）農業生産法人・合同会社「Aのl」の概要

Aのlは2008年2月に3戸の経営で設立された。労働力は高齢化等のために3戸で1・8人であり、臨時雇用労働力を3～7名導入している。経営面積は32ヘクタールでスタートした。

設立当時の栽培作物は主食用米15ヘクタール、稲ＷＣＳ等の新規需要米5ヘクタール、そば12ヘクタールであった。２０１５年には主食用米20ヘクタール、新規需要米23ヘクタール（稲ＷＣＳ2ヘクタール、ソフトグレインサイレージ（ＳＧＳ）用米21ヘクタール）、飼料えんばく8ヘクタール、飼料大豆2ヘクタール、そば1・3ヘクタールであり、飼料生産面積が合計で33ヘクタールへ拡大している。新規需要米23ヘクタール中16ヘクタールは直播栽培である。

また、Ａのーは愛別町内稲発酵粗飼料生産部会の中核をなしており、愛別町内の新規需要米に関する収穫、運搬、保管、出荷を行っている。また、生産部会によって実施される作付面積の調整では、生産部会員の作付希望と畜産経営からの需要量とに応じて自社生産分を増減させている。収穫に関して、愛別町には新規需要米の収穫機械体系が3セットあり、うち1セットは生産部会が所有しており、Ａのーに償却費見合い賃料で貸し出される。他の2セットはＡのーが所有している。

収穫機械体系は、刈り取り梱包を行うコンバイン型稲ＷＣＳ専用収穫機あるいは汎用型粗飼料収穫機、フィルムラッピングを行う自走式ラッピングマシーン、運搬用のトラックで構成される。また、収穫作業以外の部分では、6条田植機、6条乗用湛水用点播直播機、トラクター、ユニックトラック、バックホー、フォークリフト、タイヤショベル、テーラー、草刈り機等も装備されている。なお、主食用米の収穫はカントリーエレベーターが実施するため、機械装備はない。

また、Ａのーに特徴的な装備としてＳＧＳ用の飼料粉砕・調製工場が２０１１年に導入されている。２０１５年8月時点でＳＧＳ加工場を持っているのはＡのーのみであり、Ａのーは他地域からの籾米のＳＧＳ加工調製も請け負っている。

（3）稲WCS生産・加工・販売の展開

①稲WCSの生産

愛別町の稲WCS生産は2003年にAの一の代表社員の大村氏の圃場で開始された（鈴木2014、14頁）。そして、その2年後の2005年に愛別町稲発酵粗飼料生産部会が大村氏を会長として設立された。生産部会の構成メンバーはWCS用稲の作付農家であり、部会への出入りは自由である。2015年において部会員は11戸であり、部会全体の作付面積は40・1ヘクタルである。

稲WCSとSGS用稲の栽培面積の調整は、まず、作付に先立つ2～3月に畜産側のオーダーを積み上げて必要量を取りまとめる。そして、3～4月に水田農家の作付希望を積み上げ、畜産側のオーダーに合わせて面積を調整する。需要が増えた場合、面積を増やすことができれば対応する。

品種は飼料用水稲品種であるたちじょうぶの他、きらら392、ほしのゆめ、ゆめぴりか、はくちょうもち、だいちのほし等の主食用米品種が用いられている。

作期分散のために直播栽培が導入されている。ただ、直播栽培は雑草と倒伏のために生産が安定しない。直播栽培を導入している経営はAの一の他に1戸があるのみである。直播には催芽種子が用いられる。できるだけ早い時期に稲WCSの収穫を終わらせることを望む部会員が多いため、早めの稲WCS収穫は他の部会員に譲り、Aの一は遅めの収穫を行っている。

WCS用稲栽培のポイントは施肥と水管理である。施肥は元肥なしの側条施肥のみで、施肥量も主食用米の70％程度（窒素7キログラム／10アール以下）としている。8月半ば過ぎまで肥料分があれば十分であり、8月半ば過ぎに秋落ちさせるイメージである。肥料が多くて青々しているとビタミンAが多く畜産側からの評価が低いため、青味が落ちた方がよい。また、水管理は深水の禁止である。水を少なくすると地上部の生育が旺盛となり、収量が増加する。７月中旬の主食用米の中干しが水の本切りになる。防除は一般的な除草のみである。

収量は、移植でロール６・５個（１ロール重量は３６５キログラム）、直播で５個である。収量が８個程度まで多くなってしまうと青くて堅いＷＣＳとなり畜産側の評価が低い。

収穫される以前の生産に関する経費は主食用米の約70％である。共済掛け金ゼロ、肥料70％、ヘリ防除ゼロ、疎植にするため１箱５００円の苗箱が10アールあたり50枚から42枚へ減る。収穫以降はロール梱包用のフィルムとネットおよび乳酸菌に１万５００円／10アール、出荷負担金１３００円／10アール、収穫作業委託料金１万３千円／10アールである。

②稲ＷＣＳの保管

収穫された稲ＷＣＳのストックヤード（保管場所）までの運搬とストックヤードでの保管はＡのＩが行う。ストックヤードは１か所であり、ＪＡの土地を利用している。面積としては45アール程度必要になる。出荷の効率化のためにストックヤードは１か所が良いと考えている。また、ストックヤードが点在していると動物被害のリスクが高まる。

保管時の留意点として重要なことはロールに穴が空いていないかの確認である。ピンホールの大きさの穴が空いているだけでカビ発生等により出荷できなくなる。収穫時点、すなわち発酵前にラップに穴が空いている状態で保管されるとそのロールの中身すべてが出荷できなくなる。ある程度発酵が進んだ後に空いた穴であれば、穴の周辺はエサとして利用できないが、それ以外の部分は利用できるため、夏に一度、穴の空いたラップを開封してエサとして利用可能な部分のみを集めて再度ラップする。もし穴が空いていなければ１年間保管していてもエサとして利用可能である。

保管中の動物被害は、ネズミとカラスによるものがある。２０１４年度は２９００ロール中88ロールが被害を受けた。12月まではネズミの被害はないが、雪が降るとネズミ被害が発生する。エサのため殺鼠剤は使用できず、忌避剤はあまり効果がない。ロールを2段積みにして各ロールの間を人が通ることができるくらい空け、光と空間を確保することによってネズミ被害を回避している。以前は30％近いロールが動物被害のために廃棄されていたが、近年は２～３％程度の被害率であり、保管方式が定着してきた。

③稲ＷＣＳの販売と最終畜産物のブランド化

２０１４年度は町外5か所に販売している。肉用牛へ供給されている。十勝地域の足寄町《あしょろちょう》のホルスタイン雄肥育経営へ９００ロール、帯広市の和牛とＦ１の一貫肥育経営へ３００ロール、胆振地域の白老町の和牛とＦ１の一貫肥育経営へ１３００ロール、網走地域美幌町へ畜種不明だが３００ロール、上川地域の上川町のホルスタイン雄とＦ１の肥育経営へ１００ロールである。

とくに足寄町への供給については、耕畜連携に基づく畜産製品ブランドの確立による最終畜産物の消費拡大に貢献する目的で、足寄町と3年の月日をかけて「愛寄牛《あしょろうし》」のブランドを作り上げており、現在、道内複数店舗で販売されている。写真１に「愛寄牛」の販売用チラシを示す。

なお、稲ＷＣＳの販売価格は税別で1ロール４千円である。価格設定については相対取引のなかでグラスサイレージとコーンサイレージの中間である１キログラムあたり13円に決められた。10円／キログラムまで下げてほしいという要望もあるが、今のところは現在の価格で畜産側も納得している。ただし、２０１５年産からは１ロール税込みで4千円になる予定である。なお、ストックヤードから畜産経営への輸送は畜産経営が手配している。

稲ＷＣＳの出荷にはほぼ1年かかっている。畜産側は年間の必要量を数回に分けて運搬することを希望して

写真１　「愛寄牛」販売用チラシ
（提供：愛別町役場　河合和朋氏）

いるため、保管場所の確保や保管中の品質維持等に努めて、このような畜産側の要望にもできるだけ応えていくようにしている。畜産側からのオーダーを確保するためには年間を通じた品質管理が重要だとしている。

④稲ＷＣＳの販路拡大

稲ＷＣＳ生産量の安定のために、生産者側への対応として3年間の複数年契約をすべてに導入している。複数年契約に対して産地交付金の町枠として1万2千円の補助が上乗せされる。また、稲ＷＣＳ生産の1年目と2年目には補助が3千円上乗せされる。なお、畜産側へは複数年契約は求めておらず、次年度も注文してもらえるような品質の高い飼料の生産を心がけている。

需要開拓は重要視している。いかに購入相手を見つけるかが重要であり、畜産経営に対してサンプルの提供を実施している。このサンプルも4千円で販売している。以前は米の横流しになるということでサンプル提供はできなかったが、2～3年前に制度が改正されて可能となった。ただ、現在のところ、どの程度の量がサンプルとして認められるのかが明確ではない。畜産経営側が年間を通じてサンプルの給与を実施してみたいという場合には、サンプルとしての必要量が莫大になる可能性もある。今後の制度の整備も必要だろう。

潜在需要は多いと考えている。ターゲットは十勝のメガファームである。ただし、メガファームは需要量が莫大であるため、生産体制の整備も重要になる。実際に、十勝のメガファームから1500ロールの購入申し込みがあり、対応できずに断った経験がある。愛別町と同じ品質の稲WCSを作るための栽培管理や作業工程等のルール作りを行い、近隣市町村への生産ネットワークを広げていくことが重要である。

（4）畜産側のニーズの多様化への対応

①稲WCSの複数のメニュー

畜産側のニーズに対応して、現在稲WCSには3種類のメニューがある。一つめはコンバイン型稲WCS専用収穫機で収穫された一般的な稲WCSであり、育成牛への6か月齢以降の育成後半向けに供給される。二つめは汎用型粗飼料収穫機で収穫された稲WCSであり、肥育牛向けに供給されている。そして三つめが主食用米や飼料用米を収穫した後の稲わらを利用したWCSである。稲WCSを搾乳牛へ給与すると籾が未消化になるため茎葉のみを細断して発酵剤を添加してサイレージにしてほしいという要望があり、主食用米および飼料用米収穫後の稲わらのWCSを、搾乳牛用のTMR原料として利用する試験を今年から開始している。

②SGSの供給

Aの一では稲WCSの供給にとどまらず、最近ではSGSや飼料えんばく、飼料大豆の生産・販売も行っている。稲WCSの生産のみを行っていたときには稲WCSへの需要は増えたが、SGSの供給を始めたことによって稲ＷＣＳからＳＧＳへの転換が見られるようになっている。ＳＧＳの初年度の２０１１年の需要量は50トン、２年目70トンだったが、２０１５年は約８００トンになった。販売先は足寄町２５０トン、別海町80トン、中標津町２４０トン、東神楽町25トン、当麻町20トン、上川町１８０トンである。釧路市からの３００トンの需要もあったが、対応できずに断っている。ＳＧＳ加工場の能力にはまだ余裕があるため、ＳＧＳの利用を希望する畜産側に対して畜産側での原料籾米の確保も要求している。

販売価格は２０１１～２０１４年は35円／キログラムであり、２０１５年からは32円／キログラムになる。利用する畜産農家はこの価格に輸送費が加えられる。現在、輸入とうもろこしが高騰しているためＳＧＳが利用されている。ＳＧＳはこれからのキーポイントになっていくと考えられており、ターゲットは酪農におかれている。なお、愛別町でのＳＧＳ用稲の生産者に対しては補助が３千円上乗せされる。ＳＧＳ関連写真を写真２に示す。

（5）「ＡのＩ」における今後の取り組み

最近、ＡのＩに対する畜産側のニーズがシビアになってきており、エサとしての価値に対価が支払われるという状況が強まってきている。ＡのＩではこのような状況に積極的に対応しており、稲ＷＣＳやＳＧＳ、飼料えんばく、飼料大豆等、粗飼料でも濃厚飼料でも畜産側から必要とされるものを作り続けていく方針を掲げている。現在では、稲の茎葉サイレージ試験の他、牛へのタンパク源の供給を目指して枝豆サイレージの試験を実施している。

最終的には水田作経営で搾乳牛用、肥育牛用、育成牛用のＴＭＲを製造・販売することを目標としており、「エサの六次産業化」として、今後２年をめどに実現させていきたい意向である。水田で飼料作物を生産することによって、畜産と水田作の両者の存続を目指している。課題としては、今後需要増加が見込まれるＳＧＳにつ

ＳＧＳ原料籾米

粉砕籾米の混和
（調整剤と水が加えられている）

混和籾米の状態

加工済み籾米のフレコンを用いた梱包

脱気したＳＧＳフレコンバッグの鉄コンテナによる保管
（ネズミの食害回避）

写真２　Ａの一のＳＧＳ関連写真
（提供：河合和朋氏）

いて、基幹作物である主食用米との作業競合の回避が挙げられている。

その他、Ａのー独自の経営展開として、「ゆきさやか」によるうるち米１００％のみりんの加工販売を２０１５年から計画している。魚や焼き菓子の上に塗って使うもので、和食やスイーツ向けに販売する計画である。先述した「愛寄牛」と一緒にＡのーの米加工製品を販売してもらうことを考えている。また、その後は米酢の加工も考えている。

以上のように、Ａのーでは、「エサの六次産業化」や「最終畜産物のブランド化」とともに、「主食用米製品の六次産業化」も視野に入れ、農畜産物の生産における耕畜連携とともに販売においても耕畜連携を実践していく計画である。

3　濃厚飼料の生産と酪農の六次産業化に取り組むＴＭＲセンター「ジェネシス美瑛」

（代表取締役　浦敏男氏　北海道上川郡美瑛町）

（1）地域の概要

美瑛町は地理的には北海道のほぼ中央部、旭川市と富良野市の中間に位置している。「日本で最も美しい村連合」の中心であり、「パッチワーク」（美瑛町２０１５）とよばれる風景に代表される観光資源に恵まれた町である。

美瑛町は耕地面積の82％が畑である。北海道の主要畑作品目であるてんさいの２００６年の収量を見ると、北海道平均５８２０キログラムに比較して美瑛町は６７８０キログラムと生産力が高い地域である。「丘のまちびえい」（美瑛町観光協会ウェブサイト）と呼ばれるとおり、傾斜畑が多い。２００６年の数値で農業粗生産額が最も多い作目は野菜であり、続いて乳用牛、さらに麦、いも類、工芸作物等の畑作物が続いている。美瑛町は同じ上川地域ではあるが水田地帯の愛別町とは異なり畑作酪農地帯である。

(2) ＴＭＲセンター　有限会社　ジェネシス美瑛の概要

ＴＭＲセンタージェネシス美瑛は２００７年からＴＭＲの供給を開始した飼料生産、ＴＭＲ製造、ＴＭＲ配送を行う組織であり、現在美瑛町内の８戸の酪農経営で構成されている。２０１３年末で８戸の構成員中２戸が経産牛飼養頭数１００頭以上の経営であり、他の６戸は50～80頭規模の経営である（北海道農業研究センター藤田直聡による調査）。いずれの経営においても乳牛の平均年間個体乳量は１万キログラムを超えている（同調査）。ＴＭＲセンターの設立により、構成酪農経営合計の飼養頭数規模は拡大し、個体乳量も増加した。また、最近では構成員中最大規模の浦牧場において搾乳ロボットが２台導入され、経産牛１３０頭から１７０頭へと経営規模が拡大されている。

ＴＭＲの供給頭数は経産牛換算で約１５００頭であり、そのうち構成員向けが１１５０頭、構成員外への販売が３５０頭となっている。構成員外への販売は美瑛町内が３戸、美瑛町外が４戸である。外部販売先の中には新規就農経営が２戸あり、そのうちの１戸はジェネシス美瑛からのＴＭＲ供給を条件に就農しており、新規就農者の就農ハードルの引き下げに貢献している。また、もう１戸は新規就農５～６年目の酪農家であり、経営者が体調を崩し、飼料生産が困難になったためにＴＭＲの供給が開始された。このように、労力的に厳しくなった酪農経営に対してＴＭＲを供給することにより、離農防止にも貢献している。

ＴＭＲは圧縮梱包され脱気された重さ約９００キログラムのビニールパックで配送されている。未開封であれば製造後７日間程度は日持ちするため、構成員への配送は隔日であり、配送作業が省力化されている。また、美瑛町外への販売が行われていることからもわかるとおり、広域流通にも適した配送形態である。

自給飼料生産の基盤として、構成員８戸合計の牧草地が約３１０㌶ある。このうちの約50㌶が刈り取り後の再生力に優れるイネ科牧草のペレニアルライグラスとオーチャードグラスの混播草地であり、その他はチモシー主体の草地である。その他に美瑛町からの業務委託により、町営白金牧場の草地約３５０㌶を管理している。

また、構成員８戸合計で約２２０㌶のとうもろこしを生産している。このとうもろこしのうち約70㌶が濃厚飼料向けである。とうもろこしの収量増を狙ってマルチ栽培も約50㌶導入されている。この他に近隣の酪農経営や観光牧場のとうもろこし約20㌶の生産も行っている。

ＴＭＲセンターの運営は構成酪農経営による出役と地元企業への作業委託によって行われている。自給飼料生産に関する作業は構成員の出役と地元企業への委託により実施される。また、収穫された飼料の運搬はトラックを含めて地元企業に委託され、バンカーサイロへの詰め込み作業も作業機を含めて地元企業へ委託される。さらに、ＴＭＲの製造と配送も地元企業へ委託される。地元企業からは、ジェネシス美瑛の専任的なオペレーター３名が大型機械作業および機械整備を担当し、また、自給飼料収穫時には機械のオペレーターとダンプ輸送のために８名が作業を行い、ＴＭＲ工場には５名が配置され、ＴＭＲの製造と酪農経営への配送を行っている。写真３にＴＭＲセンターにおける牧草収穫およびＴＭＲ製造、配送の様子を示す。

ＴＭＲセンター全景

１番牧草収穫

バンカーサイロでの発酵調製

ＴＭＲ製造

ＴＭＲ配送

写真３　ジェネシス美瑛のＴＭＲセンターの様子

（3）濃厚飼料イアコーン生産の展開

①生産概要

ジェネシス美瑛では２００９年よりイアコーン（とうもろこしの雌穂）の生産と利用が開始されている。給与技術の安定やＴＭＲ供給頭数の増加、土地面積の増加等に伴って生産面積を増加させている。

イアコーンの収穫時期は飼料用とうもろこしの収穫後が目安になっている。北海道における飼料用とうもろこしの収穫は地域差もあるが9月下旬から10月中旬までであるため、イアコーンの収穫は10月上旬から下旬になる。

イアコーンはとうもろこしの雌穂の部分のみをサイレージに調製するものであり、生産管理工程は通常のとうもろこしの場合と同じである。収穫調製の部分が異なり、収穫には専用のアタッチメント（スナッパヘッドと呼ばれる）を用いる。スナッパヘッドによってとうもろこしの雌穂部分のみが刈り取られ、細断される。とうもろこしの茎と葉は30センチメートル程度に切断されて圃場に残されるため、収穫作業の後に茎葉の圃場への鋤込み等が必要になる。

飼料貯蔵拠点へ運搬された後は、すぐに細断型ロールベーラによってロールに梱包され、ビニールフィルムでラップされる。その後、約1年間貯蔵された後、ＴＭＲの材料の一部として混合され乳牛に給与される。イアコーンの生産利用を行う場合には、ラップされたイアコーンロールを保管しておく保管場所が別途必要になる。

イアコーンの生産管理はとうもろこしと同一のため、その年のとうもろこしの作柄を見て、ホールクロップのとうもろこしサイレージとして調整する面積と、イアコーンサイレージとして調整する面積の比率を決定することができる。また、ロールベールとして調製されるため、そのまま広域に流通させることも可能である。

写真4にイアコーンの収穫および調製の様子を示す。

②生産費

イアコーンは通常のとうもろこしサイレージと同様の栽培方法で生産されるが、収穫後はロール梱包されてラッピングされるため、ロールネットとロールフィルムが必要になる。また、作業機として細断型ロールベーラが必要である。圃場での収穫においては自走式ハーベスタ本体に取り付ける専用の収穫ヘッド（スナッパヘッド）が必要になる。

以上に基づき、70㌶の生産を前提とした生産費を試算すると、ＴＤＮ１㌕あたり49・4円となる。これはジェネシス美瑛で利用されているカロリー型配合飼料とタンパク型配合飼料の両者に対して安価になっている。

ただ、イアコーンと配合飼料とは乾物中のＴＤＮ割合等の栄養成分が異なるため、飼料設計のなかでは両者が1対1で置き換わるわけではなく、ＴＭＲを構成する牧草サイレージやとうもろこしサイレージ、他の飼料原料等の混合量も変わってくる。イアコーンとの代替の対象となる飼料の価格比較を行う場合には、両者を単純に単体として比較するだけでなく、それぞれを含む飼料設計全体として比較することがより重要になる。

ジェネシス美瑛の２０１２年のＴＭＲについて、イアコーンを含むＴＭＲと含まないＴＭＲとの価格差を比較すると、イアコーンを含むＴＭＲの方が年間1頭当たり3千円～1万3千円程度安価になっている。

（4）六次産業化への取り組み

①「美瑛牛乳」

美瑛町の酪農経営26戸により生産された生乳は北海道保証牛乳株式会社から「美瑛牛乳」として販売されて

イアコーン収穫機

イアコーン収穫

イアコーン梱包・ラッピング

イアコーン調製保管

写真4　イアコーンの収穫、調製の様子

いる。26戸合計で年間2万3千トンの生乳が出荷され、このうち約25%が「美瑛牛乳」となっている。1日当たり1リットルパック1万3千本が製造されており、この他に学乳（学校給食用牛乳）として２００ccパックが数千本生産される。「美瑛牛乳」として出荷するためには乳脂肪分3・8%以上が必要である。夏季は乳脂肪分が低下する傾向があるため、ビートパルプが多めに給与される。

将来的にはイアコーン給与によって差別化した牛乳の販売や海外へのＬＬ（ロングライフ）牛乳の販売も構想されている。

②直売所「丘のさんぽ道」

２０１４年7月にジェネシス美瑛による直売所「丘のさんぽ道」がオープンした。ソフトクリームと飲むヨーグルトを主力商品として、美瑛牛乳、コーヒーフロート、プリン、ビール、かき氷、その他美瑛町のお土産物等を販売して

写真５　丘のさんぽ道の様子と美瑛牛乳

いる。ポニーの飼育や羊の放牧も行われており、ふれあい体験もできる。労働力は期間雇用しており、平日は1人、土曜日と日曜日は2人である。1人は町内、もう1人は町外居住者である。

２０１４年は10月15日まで営業し、２０１５年は5月23日からオープンしている。２０１５年6月にはウェブサイトも開設された。２０１４年は1日平均30人が来場し、２０１５年も多いときには１００人以上が来場している。また、現在、敷地内にレストランを開設する準備を進めている。写真5に美瑛牛乳および「丘のさんぽ道」の様子を示す。

(5) ジェネシス美瑛における今後の取り組み

濃厚飼料生産に関して、イアコーンに加えてシェルドコーンの試験的な生産も実施している。イアコーンは乾物ＴＤＮ割合から粗飼料と濃厚飼料の中間に位置するが、シェルドコーンはとうもろこしの粒のみであり、濃厚飼料そのものである。イアコーンやシェルドコーンによりTDNベースの飼料自給率をよりいっそう高めていくことが模索されている。

現在は乳価が非常に高い水準になっており、また、廃用牛や2か月齢程度のF1子牛の価格も非常に高く、酪農経営に安心感が漂っている。浦代表はそのことに対して危機感を持っている。現在は経営に余力があって規模拡大しやすい状況にある。このようなときに規模拡大を進めておくことも重要だと考えている。

将来的にはTMRセンターを利用する共同法人を設立することが理想的だと考えている。3戸共同で300頭～500頭の規模が乳牛の管理上適正であると考えている。大規模化して雇用労働力を導入しても、賃金支払いのために経営が圧迫されるおそれもあるためである。

また、先述した美瑛町営白金牧場について、業務委託を受けて草地管理、牧草収穫、約200頭に上る育成牛の管理を行っている。14～15か月齢の妊娠牛を受け入れて分娩2か月前まで育成している。この白金牧場をほ乳育成センターとして整備して構成員全員の育成牛を預託し、より分業化を進めていくことも構想されている。

ただし、今のところは各構成員のレベルが高く、年齢的にも構成員8戸中5戸の経営者は30歳台、2戸の経営者は40歳台であり、将来に対するそれぞれの考え方もあるため、何もかも共同化することは困難だと考えている。しかし、少しずつ共同化を深めていくことが重要だと考えている。

最近では、高齢化が進む道内の他の酪農地域から牧草1千《トン》の供給依頼も打診されている。ジェネシス美瑛は今後ますます飼料生産の主要な担い手として地域内外からの期待を集めると考えられる。

4 飼料の生産販売を行うコントラクターと畑作の複合経営「ホクトアグリサービス」

（代表取締役　石橋俊光氏　北海道上川郡美瑛町）

（1）有限会社ホクトアグリサービスの概要

有限会社ホクトアグリサービスは２００１年に設立された。それまでは石橋農園の一部だったが、受託部分を切り離して法人化した。これによって石橋農園は畑作のみを行い、小麦、ビート、大豆、小豆、飼料用とうもろこしを栽培している。ホクトアグリサービスでも畑作は行われており、小麦、大豆、小豆、飼料用とうもろこしを栽培している。その他には不定期に機械修理を引き受けている。

ホクトアグリサービスでは雇用労働力を３名導入しており、うち２名は周年雇用、１名は期間雇用である。その他に臨時雇用を活用している。また、ヘリ防除も行っており、雇用者ではないが専属オペレーターがいる。冬季は周年雇用のうちの１名は運送会社へ出向し、もう１名は機械整備を行っている。

事業部門ごとの売上割合は、飼料作および畑作の受託部門が35％、畑作部門が25％、飼料販売部門が40％である。

受託面積は、２０１２年の値で牧草収穫１３６㌶、とうもろこし収穫１１５㌶、耕起・砕土関係１９１㌶、小麦収穫１１４㌶、とうもろこし播種51㌶、施肥１６４㌶、堆肥散布41㌶等である。面積は２０１５年もほぼ同じである。

ホクトアグリサービスへの委託農家戸数は飼料収穫９戸、小麦収穫30戸、その他畑作10戸、ヘリ防除50戸等である。委託農家の地理的分布は美瑛町内、旭川市、東神楽町である。委託農家との調整は、小麦については

ＪＡが仲介するが、飼料の収穫は農家との直接相対である。委託料は時間単価と面積単価を50％ずつ組み合わせて算出され、燃料は委託者の負担である。道内の他のコントラクターもほぼ同様である。

機械増備は、牽引式モアコンディショナー2台、牽引式レーキ1台、自走式ハーベスタ1台、トラクター3台、ホイルローダー1台、ダンプトラック1台、ショベル1台、コーンプランター1台、自走式小麦コンバイン2台、メーズベーラ1台等である。飼料の収穫作業には運搬用のトラックを3台雇い入れる。

経費節減のため、作業機の耐用年数を延ばしている。また、機械の整備は自分たちで実施し、修理等の経費は部品代だけに抑えるようにしている。収支状況はプラスである。

(2) 飼料生産・販売への取り組み

飼料の生産販売は2004年収穫分から開始している。機械販売店からのすすめによりメーズベーラを導入したことをきっかけとして飼料生産販売を開始した。なお、ホクトアグリサービスが導入したメーズベーラは日本における第1号機である。初年度約4㌶でとうもろこし生産を行い、200ロールを販売した。

現在の生産面積は、ホクトアグリサービス15・5㌶、石橋農園7・2㌶、他の畑作農家への委託栽培が25㌶、合計47・7㌶である。以前と比較してホクトアグリサービスおよび石橋農園生産分が増加し、他の畑作農家への委託分が減少している。畑作農家はスイートコーンへ飼料用とうもろこしの花粉が飛散することを避けるために、飼料用とうもろこしの生産にあまり積極的ではないという事情もある。

販路はホクレンや飼料会社を通じた販売と畜産経営への直接販売がある。販売量は約2400ロールである。直接販売先は町内、道内、道外である。直接販売の販路には変化があり、十勝の酪農経営への販売に関し

メーズベーラによる梱包

メーズベーラで調製されたロールのトレーラーへの積み込み

写真６　メーズベーラによるとうもろこしの調製および、トレーラーへの積み込み
（提供：石橋俊光氏）

て、経営者が代替わりしたことにともなって販売が中止された。また、町内の牧場への供給が、牧場側の購入先変更により中止された。その一方で、新たな販路も開拓されており、2014年から静岡（浜松）への販売が開始されている。静岡への供給は酪農向けであり、飼料会社を経由して2戸の酪農経営へ供給される。年間1080ロールである。

販売価格は1ロール1万4千円である。1ロールの重量は850キログラム程度である。ロール輸送は畜産経営が手配し、運賃も負担する。写真6にメーズベーラによるとうもろこしの調製およびトレーラー積み込みの様子を示す。

(3) ホクトアグリサービスにおける課題と今後の取り組み

最も大きな課題は人材の確保である。ハローワークに登録しており紹介も受けているが、適当な人材がいない。農作業には特殊性があるため、ハローワークから紹介されてきた人材は戦力にならない。良い従業員が確保できれば仕事を増やしたいと考えている。飼料生産販売、作業受託、畑作のすべての部門を拡大させたい。あと１～２名の従業員が必要だと考えている。

飼料販売に関する課題の一つは作業効率である。収穫後すぐにロールに梱包するという現在の作業体系では１日の収穫面積が６～７㌶に制約される。収穫後はバンカーサイロに搬入して、販売時にロールに梱包するようにすれば１日の収穫面積を10㌶程度に拡大できる。飼料の品質に問題がでることも考えられるが、このような作業体系の変更を検討している。

また、とうもろこしサイレージの販売のみでなく、ＴＭＲの販売も検討課題である。カット野菜工場の残渣利用によるＴＭＲの製造販売の可能性が考えられている。ＴＭＲの製造工場を建設できる敷地もあり、条件がそろえば検討を進めたい意向がある。

この他、飼料を購入する畜産農家にとっては飼料の輸送費の負担も小さくはない。道外への販売の場合には１ロール当たり１万円程度になることもある。飼料の広域流通への運賃助成が必要であると考えている。運賃助成があれば北海道から本州への飼料販売は増えると考えられる。

２０１５年は飼料販売について新規の購入申し込みが４～５件程度あったが断っている。ただ、今のところ、土地があれば１千ロール程度は増産することができる。最近、地域では高齢化や経営不振による土地の動きも出てきている。土地が賃貸市場に出てきた場合、まず、集落内で調整される。条件の良い土地は借り手が多く、集落内において相対で貸借が決まるため、手に入りにくい。条件の良くない土地は耕作放棄地になっている場合もある。面積規模を拡大して飼料販売を安定させていきたいと考えている。

また、受託部門についても、新規の委託意向が毎年１～２件ある。地域の畑作経営がトマトやタマネギ等の集約作物を導入してきており、そのような畑作経営から一般畑作物の委託希望が出てきている。

ホクトアグリサービスでは各農家がそれぞれ小さな機械を使うのではなく、大型機械作業を行うコントラクターに作業を委託していくべきだと考えている。そうすることで農家も余裕のある作業体系を構築することができる。農家は他人の機械に負けたくないという考えもある。このような考え方を企業的な考え方に変えていくことも重要である。農家には無駄な機械が多い。農家が無駄な機械を減らしていくことに対して、作業請負で貢献していきたいと考えている。

5 稲WCS等の自給飼料に立脚して着実な増頭を図る繁殖和牛経営「櫛下経営」

（経営主 櫛下貞美氏 鹿児島県鹿屋市）

（1） 地域概要

櫛下経営の立地する鹿児島県肝属地域は、鹿児島県大隅半島（桜島の東側）の南部に位置する畑作と和牛子牛生産を主とする農業地帯である。畑地は甘藷と飼料作物が土地利用の中心となっており、表作に甘藷、裏作にイタリアンライグラスという作付体系が一般的となっている。水田では水稲の裏作に飼料作物が栽培される。早期水稲地帯であり、最も早い作型では3月下旬には代かきが行われ、4月に入るとすぐに田植えが始まり、収穫は盛夏の8月上中旬になる。台風の常襲地域でもあり、このような作物選択には台風に大きな影響を受けない防災営農という意味も含まれ、地域的に和牛子牛生産と畑作物、水稲の複合経営が広く展開しており、櫛下経営も肝属地域に典型的な複合経営である。

(2) 櫛下経営のこれまでの展開

櫛下経営は当初、繁殖和牛10頭にだいこん、レイシ、さといも、タマネギ、深ネギといった多様な園芸作物と水稲を組み合わせ、その上、土木作業請負も行う兼業複合経営であった。しかし、兼業に先行きの不透明さが感じられるようになり、また、農業経営の安定を図るうえで、2001年あたりから和牛繁殖部門を主体とする経営の規模拡大を明確に意識するようになった。地域内で和牛繁殖の大規模経営が徐々に増えてきていた時期でもあり、鹿児島県肝属農業改良普及センターの指導のもと、地域内の大規模経営の牛舎見学を重ね、省力的な飼養管理が可能な牛舎構造を模索すると共に、認定農業者申請へ向けて5年後の経営ビジョンと、ビジョンを達成するための手順の検討を開始した。

そのような中、2001年12月のBSEショックによる子牛価格の大暴落が起こった。規模拡大を計画していた櫛下氏も大きなショックを受けたが、計画遂行の決意を新たにし、2002年には認定農業者となり、近代化資金を活用した設備投資へと経営変革に向けた大きな1歩を踏み出した。

2003年には2棟目の牛舎として飼養頭数50頭規模の連動スタンチョン式簡易牛舎が完成し、肝属中央家畜市場より繁殖素牛として雌子牛12頭を導入した。この12頭を親牛として育成し、生まれた雌子牛を自家保留しながら規模拡大を進めていく計画が策定された。自給飼料生産についても、それまでの乾草コンパクトベーラ体系に替えて2004年にロールベール・ラップサイレージ体系を導入し、合わせて、タイヤショベル、ベールグラブ、トラクタ、ダンプトラック等の整備を行い、経営全体としての作業性の向上を図った。和牛繁殖部門の規模拡大に合わせて園芸部門のスリム化も行った。

その後、2010年4月には櫛下氏のご子息が櫛下経営の後継者として就農し、現在では牛舎3棟で経産牛60頭、育成牛11頭を飼養している。

(3) 現在の経営概要

現在の櫛下経営の労働力は、櫛下氏ご夫妻とご子息ご夫妻の4人である。役割分担が図られており、櫛下氏ご夫妻は水田作、畑作、飼料作部門に従事し、ご子息ご夫妻は和牛繁殖部門に従事している。

繁殖牛の飼養頭数は先述したとおり経産牛60頭と育成牛11頭である。栽培作物は主食用米70㌃、飼料用米4㌶、でんぷん原料用甘藷5㌶である。飼料用米の品種は「いくひかり」である。

自給飼料については、稲WCS「ルリアオバ」2㌶、高糖分ソルゴー3㌶、とうもろこし50㌃、イタリアンライグラス10㌶、エンバク6・5㌶となっている。この他に稲わらを自家生産分6・5㌶と購入分6・5㌶を合わせて合計13㌶利用している。

櫛下経営の近年の規模拡大過程を表1に示した。表1を見ると頭数の増加と自給飼料生産の増加が一見アンバランスに見える。すなわち、40頭から50頭への増加に伴う自給飼料の増産はイタリアンライグラスの1㌶分にとどまっている。また、50頭から60頭への増加に伴う自給飼料の増産はイタリアンライグラスが3㌶とソルゴーが2㌶であるが、稲WCSは6㌶から2㌶へ4㌶も減少しており、差し引きすると1㌶分の増加にとどまっている。

これは実は、櫛下経営では以前は自給飼料が余っている状況だったものが、飼養頭数が増加してきた現在になって、自給飼料がやや余るという程度までバランスがとれてきたということである。すなわち、櫛下経営では自給飼料の十分な増産を図った上で牛の頭数を増やしてきたのであり、自給飼料に立脚した経営展開であったといえる。

表１　櫛下経営の規模拡大過程

	H21	H24	H27
経産牛頭数	40	50	60
ＷＣＳ	6	6	2
イタリアン	6	7	10
エンバク	6.5	6.5	6.5
ソルゴー	1	1	3
トウモロコシ	0.2	0.2	0.5

出所：聞き取り調査

（４）櫛下経営における飼料生産の実態

①稲ＷＣＳへの取り組み

２００３年、九州沖縄農業研究センター佐藤健次氏より稲ＷＣＳの紹介と試験栽培の依頼があり、櫛下氏の迅速な決断により50アールの試験栽培を行うことになった。品種はスプライスという日本稲であり、櫛下氏は先行的に栽培されている熊本県阿蘇地域へ自費で事前見学におもむき、栽培圃場での立毛見学だけでなく、実際に繁殖和牛への給与を行っている山内経営へも伺い給与場面も見学した。試験栽培では農機メーカーの協力により、新たに開発された自走式収穫機フレール型コンビネーションベーラを用いて、稲ＷＣＳとして収穫・調製を行った。繁殖雌牛へ給与してみると嗜好性が非常に高く、作業的にもロールベール体系に適合するため、自給飼料として有力な作物であることがわかった。

２００６年、同研究センター中野洋氏より新しい稲ＷＣＳ２回刈り用多収品種「タポルリ（Taporuri）」が紹介され、60アールの試験栽培を行うことになり、九州沖縄農業研究センターとしても「タポルリ」とフレール型飼料コンバインを用いた飼料イネ生産の現地実証試験として位置づけ、収量や、作業性、資材経費等の様々なデータに基づく経済性の試算も行われた。その後数年は「タポルリ」の栽培が続けられたが、現在では先述の通り茎葉型の２回刈専用品種「ルリアオバ」が栽培されている。

栽培方法については、直播も実施されていたが、6条田植機を導入し、苗作りも低価格で委託できたため、2015年からすべて移植にしている。なお、ジャンボタニシがいるため、草丈が5《センチメートル》以上になってから水を入れるようにしている。また、水田内で水のよどみができないように取水口と排水口の位置が同一サイドにない水田を利用している。

稲WCSの収量は直径90《センチメートル》×高さ1《メートル》のロールで平均14ロール／10《アール》である。収量は直播も移植も同等である。堆肥は5〜7《トン》／10《アール》投入されている。栽培に関する資材費は、苗1箱350円×15箱／10《アール》、施肥オール14を3袋／10《アール》（1450円／袋）、除草剤なし、ラップ＋ネット2300円／10《アール》であり、合計1万1900円／10《アール》である。

なお、ここで飼料米について触れておくと、生産は今年から始まった。459《キログラム》／10《アール》以上の収量であれば、国8万円＋ワラ利用1・5万円＋市1・2万円＋JA0・5万円の、合計11万2千円が交付される。なお、ワラ利用に対する交付金を受けるためには3年契約が必要となる。

②経営全体の飼料生産

櫛下経営全体の自給飼料の播種と収穫時期を表2に示した。櫛下経営ではイタリアンライグラスを自給飼料の主体としてこれまで増頭を図ってきている。今後の増頭もイタリアンライグラスを主体に考えられており、でんぷん原料用甘藷を高糖分ソルゴー＋イタリアンライグラスに転換していくことが考えられている。

表2を見ると、9月から10月にかけて、WCSや飼料米を含む夏作飼料の収穫とイタリアンライグラス等の冬作飼料の播種が重なり、農繁期を形成している。表2には示していないが、でんぷん原料用甘藷の収穫時期は10月〜11月であり、労力的に自給飼料と競合する部分がある。また、5〜6月のWCS移植やイタリアンの収

表２　櫛下経営の自給飼料生産の作期

		4月	5月	6月	7月	8月	9月	10月	11月	12月	1月	2月	3月
WCS				○	―	―	―	□					
飼料米		○	―	―	―	―	□						
イタリアン		―□	---□				○	---○	―	―	―	―	―
エンバク	WCS後							○	―	―	―	□	
	飼料米後						○	―	―	□			
ソルゴー					○	―	―	―	□				
トウモロコシ	早め			○	―	―	―	□					
	遅め					○	―	―	□				

出所：聞き取り調査結果
　注：○は播種や植え付け、□は収穫を示す。

穫は甘藷の植え付けと同一時期になる。今後、自給飼料を拡大する場合には労力競合の点から甘藷を削減することは適切な対応であると考えられる。

③フレール型コンビネーションベーラの活用

櫛下経営の自給飼料生産における最大のポイントは平成24年度活動火山周辺地域防災営農対策事業により導入されたコンビネーションベーラの活用である。

コンビネーションベーラでは稲WCS、カットワラ、ソルゴー、エンバクを収穫している。他方、イタリアンライグラスとカットされていない長いままの稲わらはロールベーラで収穫している。イタリアンライグラスはコンビネーションベーラでダイレクトに収穫梱包するには水分が高いという問題がある。

自給飼料生産はほぼ櫛下氏1人の作業となっており、櫛下氏夫人はラッピングをたまに手伝う程度である。コンビネーションベーラの導入が自給飼料の収穫における1人作業を容易にしている。また、櫛下氏はコンビネーションベーラによって高品質の自給飼料が手に入ると評価しており、櫛下経営を支える重要な要因となっている。

櫛下経営におけるコンビネーションベーラを用いた稲わら収集の様子を写真7に示す。また、飼料米の収穫の様子を写真8に示す。

写真７　コンビネーションベーラによる稲わら収集

写真８　飼料米の収穫
（提供：櫛下貞美氏）

④飼料給与と子牛の出荷成績

稲ＷＣＳは子牛にも親牛にも給与している。収穫量の60％は子牛向け、40％は親牛向けである。稲ＷＣＳの他に、親牛にはイタリアンライグラスと高糖分ソルゴー、子牛にはイタリアンライグラスとエンバクを与えている。なお、離乳は３か月である。また、生後10日で親牛と子牛を分離している。そして、１日に２回親牛にほ乳させている。午前４時半からと午後４時からの２回ほ乳である。ほ乳時以外は子牛を親から離してまとめて１か所に集めている。

最近の子牛の平均出荷体重は、去勢３１５《キログラム》、雌２５０～２６０《キログラム》である。価格的には、とくに雌牛については、現在も規模拡大中であり、優良血統の雌子牛は自家保留としているため、出荷される雌子牛の価格は平均程度になっている。

（5）今後の取り組みと課題

5年後に100頭の飼育を目指している。そのために来年40頭規模の牛舎を増設する計画である。また、子牛育成牛舎の建設も検討している。あわせて、敷料を現在のシラスからオガクズに替えることが検討されている。シラスは経営の敷地内から獲得できるため低コストだが、重量が重い上に3〜5日で交換する必要があるため労力的に見て経営の改善課題となっている。オガクズの価格も高くなってきているが、オガクズにすれば親牛で3か月程度、子牛で6か月程度敷料の交換はしなくて良くなると予想され、大幅な省力化が期待される。

100頭が達成された時点ではでんぷん原料用甘藷の生産を中止して「繁殖和牛＋水田作」の複合経営にする予定である。また、牛舎裏の山を50《アール》程度切り開いて放牧場を設置することも考えている。さらに、雇用労働力を1名導入する必要性も考えられている。

血統にも配慮し、100頭中40頭程度は優良血統として、コンビネーションベーラの活用に加えて放牧の導入も図り、自給飼料に立脚した省力的で収益性の高い経営が目指されている。

6　飼料生産の拡大に向けて

以上に見てきた事例から、畜産経営のみならず水田作経営や畑作経営においても積極的に飼料生産が行われていることがわかる。事例における水田作経営や酪農経営では飼料生産の組織的な展開が図られており、畑作経営では自らの飼料生産に加えて他の畑作経営への飼料生産の外部委託が行われ、肉用牛繁殖経営では家族経営として飼料生産に立脚した着実な増頭が図られている。

また、水田作経営や畑作経営において、将来的にはＴＭＲの供給が視野に入れられている。とくに事例の水田作経営では、すでに畜産経営のニーズに沿った高品質な飼料の供給と、最終畜産物のブランド化まで視野に入れた飼料生産が行われており、単なる耕畜連携にとどまらない展開を見せている。

２０１５年７月末の農林水産省のまとめによると、飼料用米が前年産より４万５千ヘクタル増加して７万９千ヘクタル、それ以外の麦、大豆、稲ＷＣＳ等は前年産より１万７千ヘクタル増えて６万２千ヘクタルとなり、主食用米からの転換が進んでいる（日本農業新聞２０１５年８月25日１面）。政策的な手厚い助成が背景にあるとはいえ、飼料自給率を上昇させ、輸入飼料の価格高騰に起因する畜産経営の不安定性を改善していくためには、畜産経営のみならず水田作経営や畑作経営における飼料生産を拡大していくことが求められるだろう。Ａの１の大村氏は、畜産をつぶしたら日本の農業全体がつぶれるという認識を持っている。そして、水田農家として何ができるかを考え、畜産と耕種農業の互いの持続的展開を模索していくことが重要だと考えている。

本章で取り上げた４つの事例の経営者は、みないずれも一歩先を見据えた経営展開を図っている。今後の展開が楽しみであり、注目していく必要があるだろう。

引用文献

栗原節夫（２００７）「Ｑ＆Ａ　先月の技術相談から」『林試だより　２００７　２』北海道立林産試験場、９頁
鈴木織枝（２０１４）「愛別町の稲発酵粗飼料生産の取り組みについて」『農家の友　２０１４―05』公益社団法人北海道農業改良普及協会、41～43頁
日本農業新聞　２０１５年８月25日火曜日　１～３面
農林水産省（２０１５）「酪農及び肉用牛生産の近代化を図るための基本方針――地域の知恵の結集による畜産再興プラン『人・

牛・飼料の視点での基盤強化』」http://www.maff.go.jp/j/chikusan/kikaku/lin/l_hoshin/pdf/rakuniku_kihon_hoshin_h27.pdf
美瑛町（２０１５）「美瑛の農業２０１５」https://www.town.biei.hokkaido.jp/modules/nourin/index.php?content_id=1
美瑛町ウェブサイト（２０１５年８月31日アクセス）http://www.biei-hokkaido.jp/
北海道開発局旭川開発建設部ウェブサイト（２０１５年８月28日アクセス）http://www.as.hkd.mlit.go.jp/agri/main.html
および http://www.as.hkd.mlit.go.jp/areainfo/pockerbook/2014/index.files/gaiyou2.html
北海道新聞旭川支社ウェブサイト（２０１５年８月28日アクセス）http://asahikawa.hokkaido-np.co.jp/human/20080907.html

第８章　飼料用米の産地形成に関わる問題と課題

伊庭治彦

１　はじめに——飼料用米の流通整備について

平成16年より取り組まれている飼料用米[1]の生産は、２０１０年に水田利活用自給力向上事業において助成金８万円／10アールが交付されるようになって以降、急速に増加した（図１）。２０１４年には、数量払い制度が導入されたこともあり３万３８８１ヘクタールが作付されており、今後も増加傾向は続くと思われる。ただし、近年の産地の拡散を伴う生産量の増加は現在の流通体制が抱える非効率や問題を表面化させつつあり、効率的な流通体制の整備・確立が求められている。とくに、広域流通化を伴う飼料工場を経由する配合飼料としての供給量が増加しており、既存の流通体制での対応に限界があることから新たな流通体制の整備が必要となっている。端

図 1　飼料米の生産動向

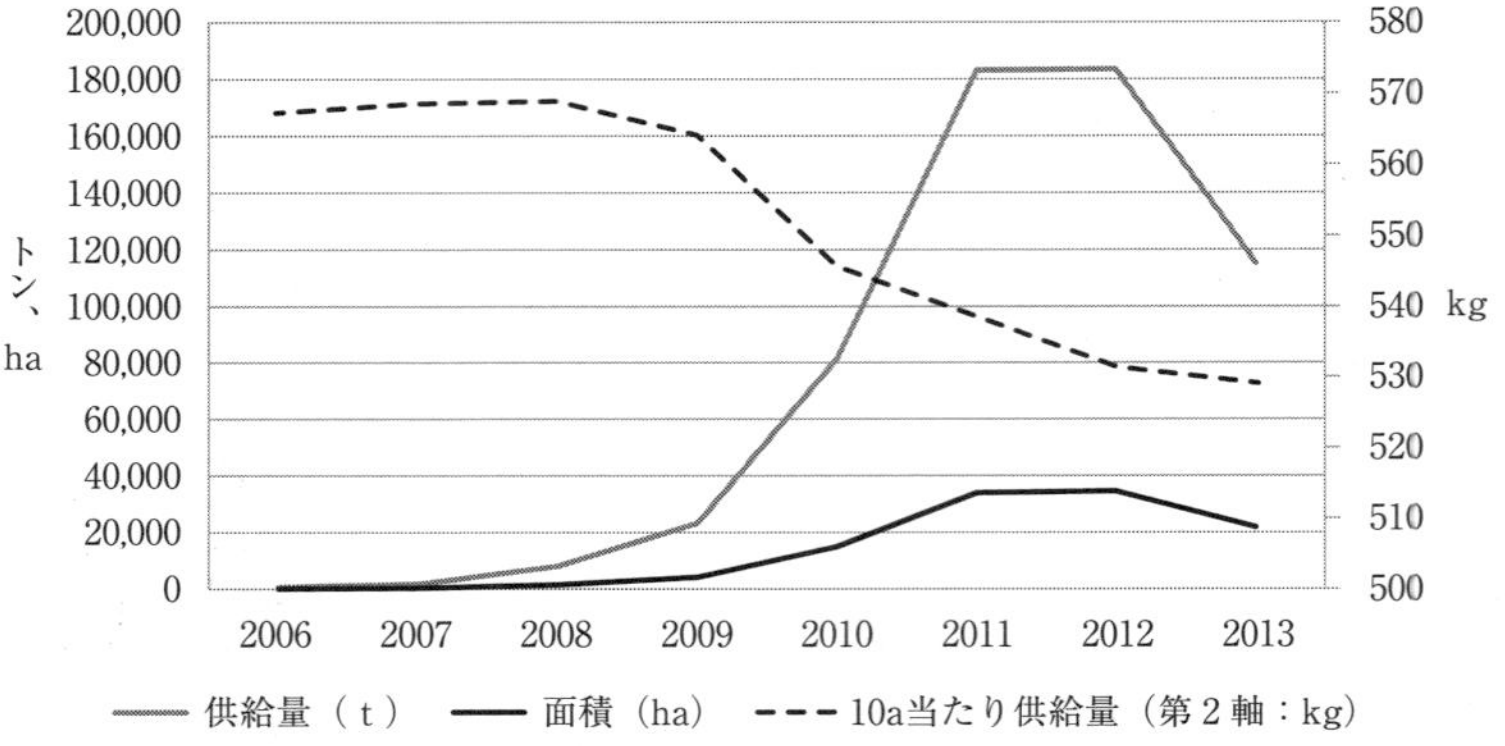

資料：農林水産省「米粉用米・飼料用米の生産をめぐる状況」平成 22 年 3 月、「飼料用米に推進上の課題と解決に向けた取り組みについて」平成 26 年 4 月、農林水産省「米をめぐる関係資料」平成 25 年 11 月より作成

的には生産地と需要者の間の総距離を最短にする両者の組み合わせが望まれるところである。(2) しかし、飼料用米生産への取り組みが全国各地で進む一方で、飼料工場が畜産産地および大規模港湾に集中して立地していること、さらには飼料用米価格の低位性により、経済合理的な飼料用米の輸送範囲は狭いものとなっている。このため、飼料用米の産地形成を図る上で効率的な広域流通システムを構築することが多くの地域に共通した課題となっており、まずもって、産地（生産者、集出荷団体）―流通業者―配合飼料会社―ユーザー等の関係主体間の連携体制を構築することが望まれる。その上で、生産、流通、加工、消費の各局面において効率的な広域流通システムを構築する必要がある。

以上の問題認識に立ち、次節以降、まず、飼料用米の産地形成に関わる背景として畜産業および飼料生産に関する動向を概観した後、飼料米の供給構造を確認する。次いで、流通面に焦点を当て飼料用米の産地形成に関わる問題および課題を明らかにし、その対応策の検討を行う。

図 2　一人当たり消費量／年

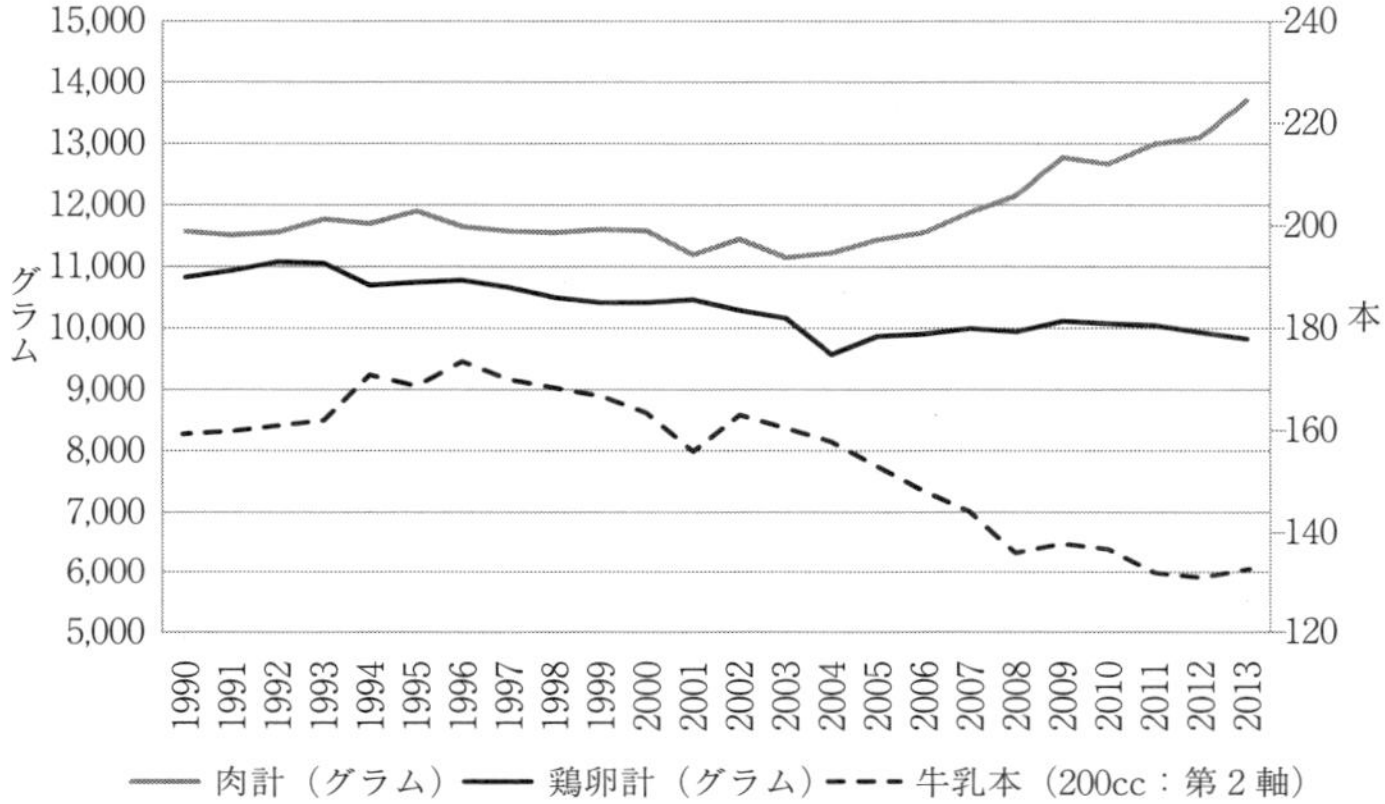

資料：総務省「家計調査報告」
注：贈答用等自家消費以外のものを含む。
1990 年は、1990 年 4 月〜 1991 年 3 月。

2 飼料用米をめぐる背景――畜産業と飼料生産の動向

今後、飼料用米の需給に大きな影響を与えると考えられるのがわが国の畜産物に対する消費動向である（以下、図2、図3-1、図3-2、図3-3）。日本人の食の西洋化が言われて久しいが、生産品ごとの消費動向は同じではない。肉類に関しては、１９９０年代後半に一人当たり消費量が減少した時期があったものの、２０００年代には増加しており、現在の国内消費量は横ばい傾向を示している。牛乳の一人当たり消費量は１９９０年代後半に増加から減少傾向に転じたが、牛乳・乳製品の国内消費量は同時期より横ばい傾向にある。鶏卵の一人当たり消費量は他の製品ほどには大きな変動はなく過去20年間で一割弱減少しているが、現在の国内消費量は横ばい傾向にある。このような消費動向の下で、畜産物の国内生産は品目間で若干の違いが生じている。鶏卵の生産は横ばい傾向を示しているが、肉類と牛乳・乳製品の生産はおおむね微減傾向にある。そ

図 3－1　肉類需給の推移

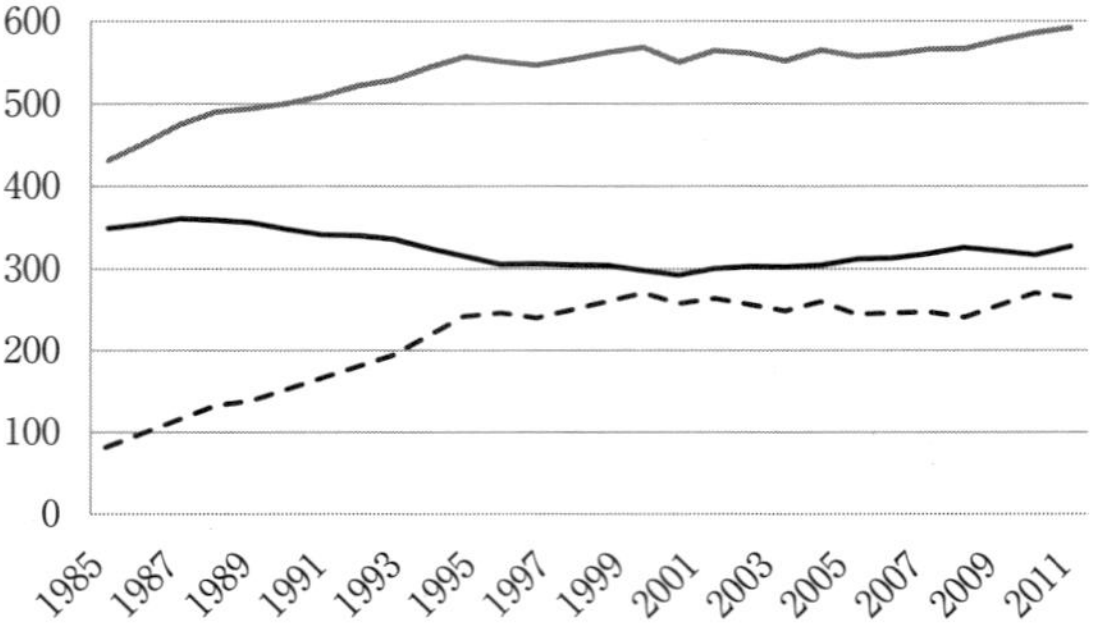

資料：農水省「食料需給表」、「食料・農業・農村基本計画」
注：肉類の需要量および生産量は枝肉ベースである。

図 3－2　牛乳・乳製品需給の推移

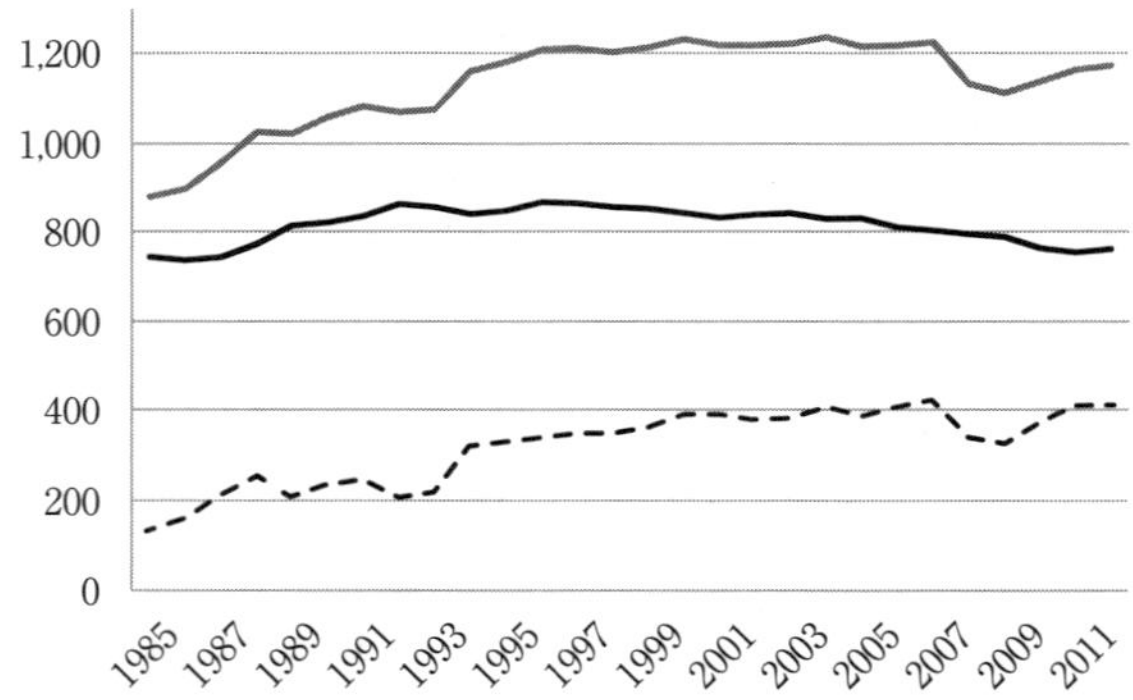

資料：農水省「食料需給表」、「食料・農業・農村基本計画」
注：牛乳・乳製品の 1 人 1 年当たり供給数量には農家自家用を含む。

図 3－3　鶏卵需給の推移

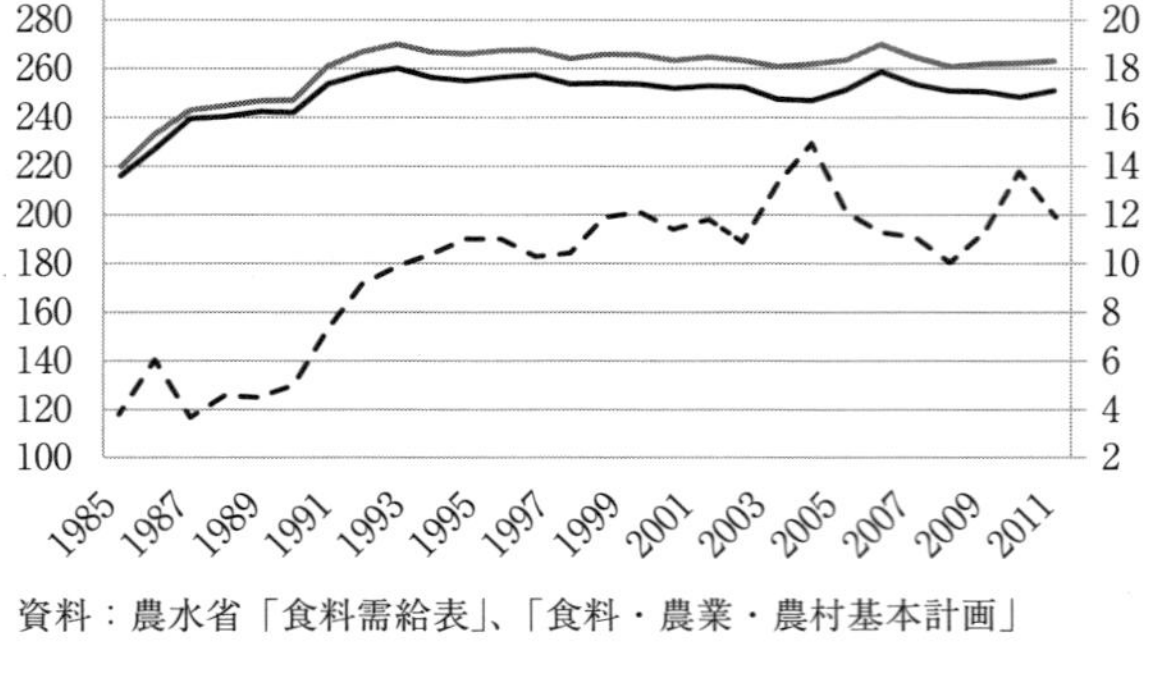

資料：農水省「食料需給表」、「食料・農業・農村基本計画」

の結果、肉類と牛乳・乳製品の需給ギャップ（需要量－生産量）は、この25年の間に2～3倍に拡大した。[3] ただし、２０００年代以降では、これらの畜産物の需給ギャップはほぼ横ばい傾向にある。以上の動向をまとめれば、この25年間に畜産物に対する需要は増加したが２０００年以降は横ばい状況にある。一方、需給ギャップについても１９９０年代後半までの拡大傾向から、２０００年代以降は横ばい傾向へと落ち着きつつある。ちなみに、２０１２年の国産比率は、肉類55％、牛乳・乳製品65％、鶏卵95％である。

畜産物の生産に連動する飼料・飼料原料の輸入量に関しては、この20年間で1割の減少となったものの２０００年以降は横ばい状況にあり、配合飼料の生産量も同様の傾向を示している（以下、図4、表1、表2）。２０１３年の飼料・飼料原料の輸入量は約１５００万トンであり、トウモロコシが6割強を占める。配合飼料の生産量は、１９９０年代以降、若干の変動を伴いながら現在まで２３００万～２４００万トン代で推移している。その一方で、ここ数年来、配合飼料の価格が上昇し高止まりの様相を示している。２０１２年の農家購入価格の水準は、１９９９年のおよそ1・4倍である。このことは、畜産経営に大きなダメージを与えており、廃業の危機感を抱く農業者も少なくない。[4] 配合飼料の価格の高騰による影響は、わが国の畜産経営の収益性が海外穀物市場の動向に左右されることを示している。

このような飼料・飼料原料の動向に対して、国産飼料穀物の生産動向は90万ヘクタール前後を維持しながら推移している。国産飼料の生産増加は、わが国の畜産業に関わる重要な政策の一つであり、生産技術だけでなくＴＭＲといった需給システムの確立等といった多面的な振興策が講じられている。飼料用米の生産振興も、食糧自給率の向上や水田の良好な状態での保全、耕種農家の所得の安定化に加えて、畜産農家の所得安定化も目的の一つとしている。ただし、現在の飼料用米の生産量は配合飼料全体の1％に満たず、飼料用米が代替する[5]輸入トウモロコシの2％未満である。このため、畜産農家の飼料調達の安定化に対する効果は、輸入穀物の価格高騰

図 4　飼料の生産と輸入の状況

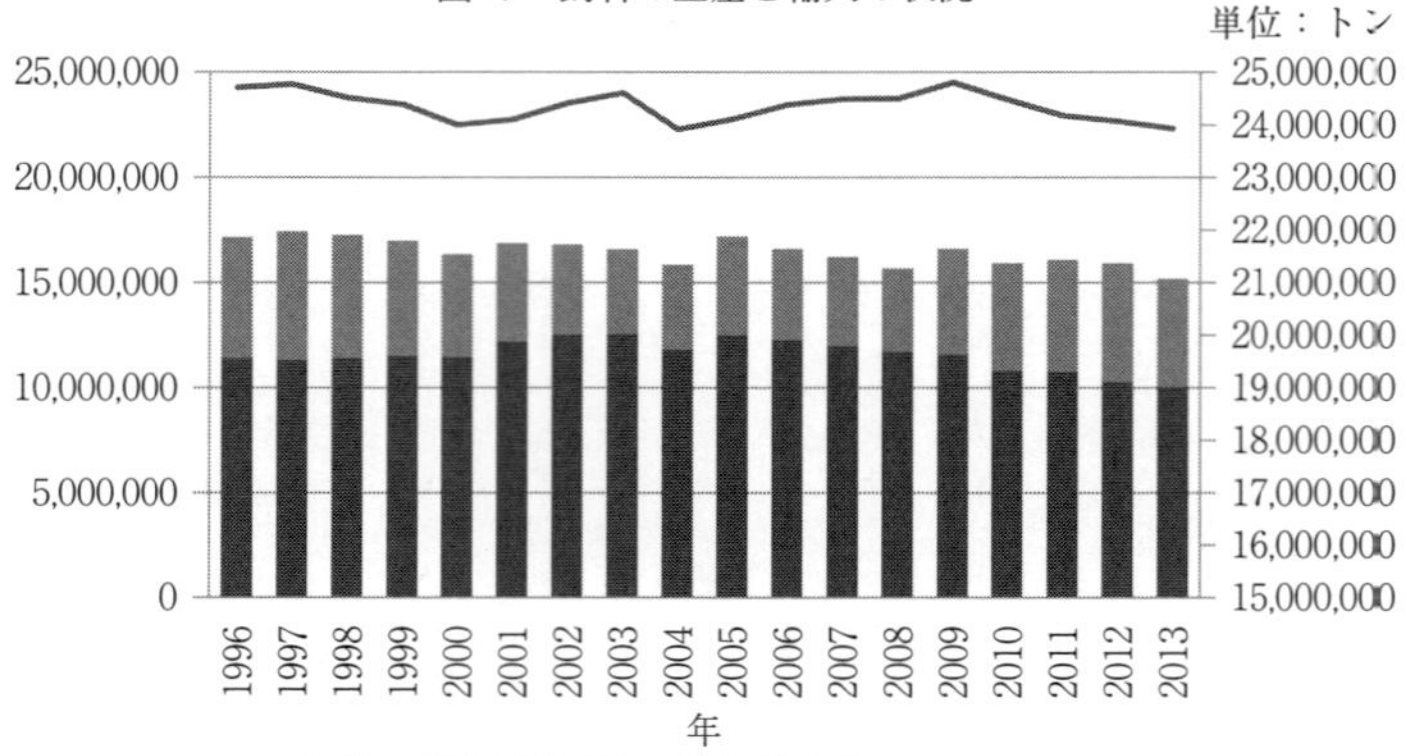

資料：農水省「流通飼料価格等実態調査」、財務省「貿易統計」
注：1996 年は、1996 年 4 月～1997 年 3 月。

表 1　配合飼料の価格の推移（農家の購入価格）

単位：円 / トン

年度・月	2009	2010	2011	2012	2013（12 月）	2014 平均
肉用牛肥育用	59, 419	57, 763	61, 669	63, 032	66, 740	68, 648
若豚育成用	57, 549	54, 989	57, 306	61, 760	66, 210	69, 397
ブロイラー用(後期)	62, 268	61, 217	65, 199	68, 195	72, 920	75, 368
乳用牛飼育用	61, 440	59, 645	62, 651	64, 611	70, 920	73, 292
成鶏用	68, 437	68, 456	72, 674	75, 189	80, 430	84, 271

資料：農林水産省「農業物価指数」
注：消費税を含む。

表 2　飼料作物の作付面積の推移

単位：ha

	2004	2005	2006	2007	2008	2009	2010	2011	2012	2013
①	914, 400	905, 800	898, 100	897, 200	901, 500	901, 500	911, 400	933, 000	931, 600	915, 100
②	87, 400	85, 300	84, 400	86, 100	90, 800	92, 300	92, 200	92, 200	92, 000	92, 500

資料：農林水産省大臣官房統計部「耕地及び作付面積統計」
注：①飼料作物計、②青刈りトウモロコシ。

時の緩和剤的な役割が期待されるところである。(6) 一方で、現在の飼料用米と輸入トウモロコシの量的比率は、飼料用米の潜在的な需要量が膨大であることを示す。畜種により原料穀物と置き換えできる割合に違いがあるが、農林水産省は飼料用米４５０万トンを振り向けることが可能としている（ただし、生産増加の実現性については「7〈補節〉飼料用米生産を支える助成金の限界」を参照されたい）。

3 飼料米の供給構造

国内で流通する飼料原料となる米は3種類からなる。新規需要米である飼料用米、ＭＡ米、備蓄米である（表3）。例えば、２０１２年の流通量56万トンのうち、飼料用米は18万トン（32%）に過ぎず、ＭＡ米が36万トンと64%を占め、備蓄米は2万トン（4%）である。飼料会社への供給に限れば、総量46万トンのうちＭＡ米は35万トン（76%）である。なお、飼料用米は供給先の確定を助成金の要件としており、当初は耕種農家と畜産農家の間での流通が基本であった。このような経緯もあり飼料用米18万トンのうち半分の9万トンは、飼料会社を通さない耕種農家と畜産農家の間の直接流通となっている。

これまで、ＭＡ米や備蓄米の消費用途として配合飼料への原料供給が活用されてきたのであるが、同時に、ＭＡ米や備蓄米が米の飼料化を推し進め、飼料用米の市場開拓の礎となってきたともいえる（表4）。その結果、飼料米を固定的に使用するユーザー（畜産経営）が全国各地に現れ始めている。配合飼料全体における飼料米の比率はほんのわずかではあるものの、配合飼料原料として定着しつつある。このような状況において、新規需要米である飼料用米の供給の変動や不足時のバッファとして、とくに政府によって一元的に管理されたＭＡ

表 3　2012 年の飼料用米の構造（2012 年）

	計	飼料会社へ供給	畜産経営へ供給
飼料米総供給量	56 万トン	46 万トン	10 万トン
飼料用米（新規需要米）	18 万トン（32%）	9 万トン（20%）	9 万トン（90%）
MA 米	36 万トン（65%）	35 万トン（76%）	1 万トン（10%）
備蓄米	2 万トン（4%）	2 万トン（4%）	0

資料：農林水産省「飼料用米に推進上の課題と解決に向けた取り組みについて」平成 26 年 4 月

表 4　飼料用米の推供給構造の変遷

単位：トン（①、②）、千トン（③）

	2004	2005	2006	2007	2008	2009	2010	2011	2012	2013
①飼料用米（新規需要米）			590	1, 660	8, 020	23, 264	81, 237	183, 033	183, 431	115, 350
② MA 米	0	0	150, 000	580, 000	660, 000	250, 000	420, 000	380, 000	450, 000	330, 000
計			150, 590	581, 660	668, 020	273, 264	501, 237	563, 033	633, 431	445, 350
③備蓄米	340	180	220	10					20	

資料：農林水産省『米をめぐる関係資料』平成 25 年 11 月
注：備蓄米 2004 ～ 2007 年は、援助等を含む。

米が果たす安定供給機能は重要である。[7]

なお、飼料米の作付面積の拡大に伴って生産量も年々増えているが、作付面積当たりの収量は逆に年々低下している（図1）。その要因として、飼料用米の販売価格が低位にあることから、助成金の獲得のみを目的とする「捨て作り」の問題が指摘されている。[8] ２０１０年以降、飼料用米の作付けに対する助成金が手厚く配分されるようになったことにより作付面積が急増したのであるが、[9] このことと飼料用米の価格の低位性が反収低下の要因と指摘されている。作付けるだけで受領できる高額の助成金と、収量を維持する誘因を喪失する水準の価格が、「捨て作り」を誘発しているのである。

4　飼料用米の流通に関わる課題

(1) 生産増加に関わる流通上の問題

現在、飼料用米の半分が配合飼料の原料として飼料会社へ供給されているが、今後の生産増加分のほとんどが飼料会社に供給されると考えられる。このため、産地における集出荷から飼料会社の荷受けに至る流通過程において、流通量の増加による様々な問題が表面化することが懸念されている。このような事態に対して、とくに産地（生産者、集出荷団体）側と受け入れ側である飼料会社の相互協力による対応策の構築が喫緊と課題となっている。

産地側に関しては、まずもって、主食用品種での取り組み時の紙袋による出荷のバラ出荷あるいはフレコン出荷への転換が指摘されている。現在、集出荷団体であるＪＡの保管倉庫から30キログラム紙袋で飼料米が出荷された場合、飼料工場に搬送する途中の倉庫でバラ荷への積み替え作業が行われ、飼料工場へ搬入されている。しかし、流通量の増加において、このような作業によっては流通が滞ることが懸念されている。

飼料会社に関しては、飼料用米の受け入れ可能日量の少なさが指摘されており、主には玄米の加工（粉砕）ラインや原料保管施設の規模がボトルネックとなっている。これまでは、流通量の少なさから受け入れ可能日量を超えるような事態はなかったが、今後予測される流通量の増加に対しては、機械・施設の増設等による受け入れ日量の改善が求められている。さらに、飼料用米の輸送距離短縮のためには、産地と飼料会社の双方の協力体制が不可欠である。搬入先となる飼料工場の立地が偏っていることから[10]、飼料用米の産地の拡散による広域流通化は輸送コストの上昇に結びつく。このため、飼料工場のニーズおよび受け入れ可能日量と産地ごとの供給量をマッチさせる等のピンポイントでの流通調整が必要となる。例えば、産地を指定する配合飼料のユーザーや紙袋出荷に効率的に対応するためには、関係者間の綿密な日程調整が必要となる。

以上のことから、飼料用米の生産増加に対して集出荷から飼料工場における受け入れに至る効率的な流通体制を早急に整備することが求められている。ただし、現実の流通体制の形成はこれまでの少量流通体制が集約されるのではなく、産地ごとに独自のルートや方法が開拓される等、全体としての効率化とは異なる方向での進展も見受けられる。例えば、聞き取り調査を行った飼料会社の一つでは、出荷元の産地組織や個別農業経営、および供給先の畜産経営から様々な要望があり、現在、10通り前後の流通経路において荷受けしている。このため、流通の広域化に伴い産地と飼料会社の協力による調整機能を含む流通の効率化の重要性が増している。

なお、主食用米品種と多収性専用品種のどちらの品種を使用するかによって、対応すべき流通上の問題や課題が異なる。次に、この点に関する検討を行う。

(2) 栽培品種と流通上の課題

飼料用米の生産において主食用品種と多収性専用品種（以下、「専用品種」という）の割合は7：3である。[11] 主食用品種が多く使用されているのは、農業者にとって専用品種を使用した場合と比して追加的な費用となるスイッチング・コスト（切り替え費用）が極めて小さく、容易に取り組むことができるからである。農作業に関わる施設や機械を新たに導入する必要はなく、また、コンタミ問題[12]も発生しない。当然のことながら新たに習得が必要な栽培技術もない。同様に、主食用品種による取り組みは、集出荷団体であるJAにとっても追加的な費用の少ない取り組みである。[13] さらに、「今後、飼料用米から主食用米へ戻した方が農業経営にとって有利となる状況になった場合、主食用品種による取り組みにおいてそのための費用を抑えることができる」ことを指摘するJA関係者も多い。このような指摘は、飼料用米の生産が助成金によって成立していることと、生産増加が続いた場合の現在の助成金水準（面積払いにおいて8万円／10アール）の維持が困難になるのではないか、といった不安と表裏一体である。このため、主食用品種による飼料用米の生産への取り組みは、今後も一定割合を占めると考えられる。

ただし、主食用品種の使用においても生産量の増加において流通上の問題が表面化する。上述したように、多くの地において飼料用米が紙袋により出荷され、輸送途中での解袋作業を必要としている。このような流通体制において流通量の増加時にスムーズな物流を維持することは容易ではなく、紙袋出荷からバラ出荷あるいはフレコン出荷への変更が望まれる。そのためには、集出荷作業を担うJAにおける乾燥・調整・保管施設の利用調整が必要となる。加えて、その際に飼料用米の主食用米への横流し防止のための機能をあわせ持つことも必要であり、このことからも飼料用米を個別に保管することが望まれる。

一方の専用品種による飼料用米の生産は全体の3割にとどまる。これは、上記に指摘した主食用品種による取り組みの利点の裏返しといえる。とくに、コンタミを防止するために機械・施設の利用に農業者は細心の注意を払うことが必要であり、そのための作業や費用が生じることが大きな障害となっている。例えば、作期を分散した場合の作業効率の低下、収穫時の機械の洗浄の徹底、諸作業を品種ごとに行うこと等が求められる[14]。同様の問題は集出荷作業を担うJAにおいても生じ、専用品種を取り扱うための施設の増設や作業の調整[15]といった対応を負担する必要に迫られる。加えて、飼料用米の販売価格が多収性の利点を活かすことのできない水準（30円／キログラム前後）にあることも、専用品種の普及が伸び悩んでいる要因の一つである。これらの諸問題が複合的に専用品種による飼料用米生産の取り組みを阻んできたのである。したがって、専用品種の普及にはそれに要する追加的な負担を生産者やＪＡが引き受けうる条件整備が必要となる。その対応策として、専用品種の利点を活かすべく、２０１４年より助成金に数量払い制度が導入されることとなった。また、この制度は品種にかかわらず「捨て作り」の防止も目的としている。さらに、専用品種による取り組みに対して産地交付金１万２０００円／10アールが追加されることとなった。すなわち、収量増加への取り組みにより助成金を増額することが可能になるとともに、専用品種を使用すること自体が助成金額を底上げすることとなった。これらの施策により、今後、飼料用米の作付面積の増加とともに専用品種への取り組みも増えると思われる。そうであればこそ、上述したように専用品種の流通に関わる問題への対応を徹底する必要がある。

5　飼料用米の産地形成の取り組み事例――籾米出荷による流通の効率化

(1)　取り組みの概要

西日本において先進的な取り組みを行うＡ県Ｉ市では、同地域を管轄するＢ農協の積極的な推進により２００８年に主食用品種による約7ヘクタールの飼料用米生産を開始し、２０１４年には３５０ヘクタール超にまで面積が拡大した。生産者数も当初の９名から現在は３００名を超えるまでに増加している。飼料用米の多くは籾米のままＣ飼料会社へ出荷されており、Ｃ飼料会社で製造された配合飼料はＡ県内の採卵鶏経営へ供給されている（図5）。また、それ以外にも、Ｂ農協の独自施設において玄米粉砕加工を行い、県内の畜産経営に自家配合原料として供給されている。これらの飼料用米を使用して生産される畜産物は、それぞれブランド化を図り販売されている。

図 5　I市における飼料用米の流通体制

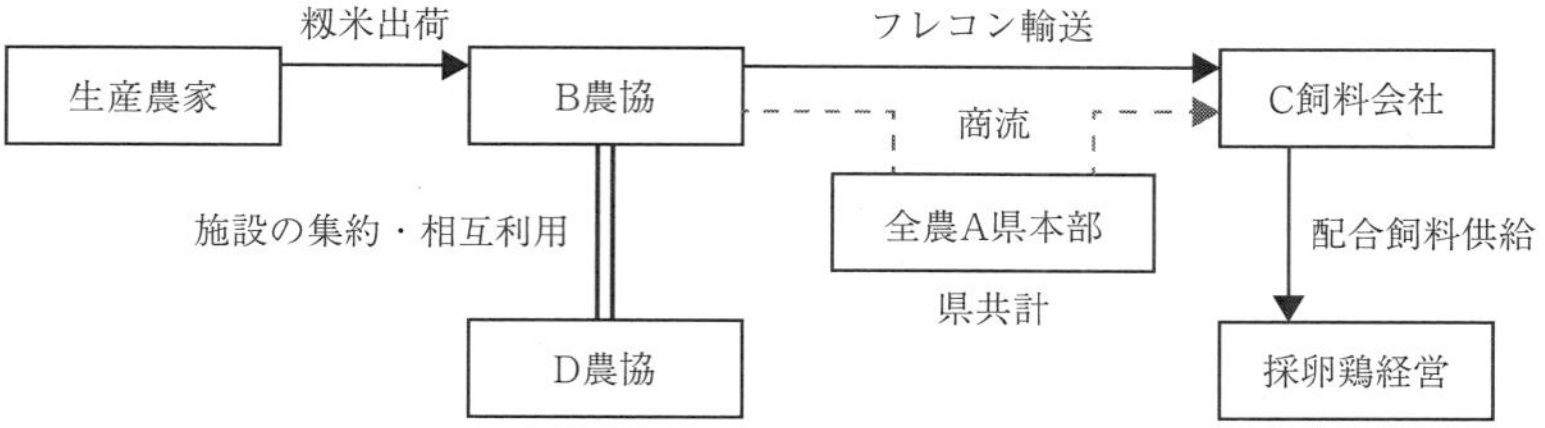

このようなI市の取り組みの特徴は、B農協、飼料会社および配合飼料の需要者である養鶏経営の3者間の協力により飼料製造および流通の効率化を図っていることである。籾米であるためフレコン出荷が可能となり、解袋作業を経ることなく隣県にある飼料工場へ輸送している。また、B農協では飼料用米として出荷された籾米が主食用として出回らないように、別の倉庫に保管している。ただし、B農協が単独で飼料用米専用の集荷・保管・出荷施設を整備することは施設利用の効率性を低下させるため、隣接するD農協と連携し主食用米と飼料用米の乾燥・調製施設の相互集約を行い、設備投資の効率化を図っている。

商流としては、全農A県本部をとおすことにより、輸送費等の経費の精算に関して、県内を流通する飼料用米のプール計算を行う県共計を利用している。このような流通体制は、これまでの飼料用米への取り組み過程において独自に構築してきたものであり、中域ともいえる範囲において効率的な流通を実現している。今後の生産量増加への対応としては、上記の流通体制で処理できる出荷量を超える分について広域流通体制（全国共計）への参加する予定である。

上記の流通体制において生産者がB農協へ飼料用米（籾米）を出荷する場合に係る収支は次のとおりである。10アール当たり籾米662キログラム（23％）を出荷する場合、乾燥後の重量600キログラムの売り渡し価格1万3968円と地域とも補償（受領）7800円の合計2万1768円が収入となる。支出は「B農協に対する支払い1万1043円」、「A県共計に対する支払い5118円」、「地域とも補償拠出

表 5　B 農協への飼料用米（籾米）の出荷に係る収入

収入科目の単価	籾米の売り渡し価格	23.28 円 /kg
	地域とも補償（受領）	13 円 /kg
支出科目の単価	B 農協の手数料	0.75427 円 /kg　（手数料率　3.24%）
	カントリー利用料金	16,000 円 / 生籾　1 t（水分 23%以下）
		18,000 円 / 生籾　1 t（水分 23.1%以上）
	A 県共計	8.53 円 /kg
	地域とも補償拠出	3,500 円 /10a
出荷量	CE 搬入量	662kg（水分 23%）
	乾燥籾重量	600kg（水分 15%）
	参考：玄米換算	480kg
試算	収入計	21,768 円 /600kg・10a
	売り渡し価格	13,968 円 /600kg・10a
	地域とも補償	7,800 円 /600kg・10a
	支出計	19,661 円 /600kg・10a
	B 農協の手数料	451 円 /600kg・10a
	CE 利用料	10,592 円 /662kg・10a
	A 県共同計算	5,118 円 /600kg・10a
	地域とも補償拠出	3,500 円 /10a
	差し引き	2,107 円 /10a

資料：B 農協での聞き取りおよび提供資料により作成

３５００円」の合計1万９６６１円となり、収入から支出を差し引いた額は２１０７円に過ぎない。ただし、助成金８万円を加えることにより８万２１０７円となり、この額から出荷までに要した経営費を差し引いた額が生産者の手取りとなる。すなわち、助成金を含めると、主食用米の価格水準によっては、主食用米として出荷した場合を上回る所得を得ることが可能となる。このことは生産者が飼料用米生産に取り組む上での大きな誘因となっている。そのため、B農協では米価のさらなる下落あるいは低水準の持続への対応策として今後も飼料用米の生産拡大を推進する計画であり、必要となる施設の整備を行っているところである。

以上のI市における飼料用米への

取り組みに関して、主に流通面に着目すれば大きくは5点にまとめることができる。第一に、籾米出荷によりB農協からのフレコン出荷が可能となっており、紙袋出荷時に必要な解袋作業の必要がない。第二に、主食用米による取り組みにより、生産者レベルでの追加的な費用が発生していないことが作付面積の拡大につながっている。第三に、飼料用米を適正に保管するために集出荷団体であるB農協は他農協との連携により保管施設の利用調整や新設に取り組んでいる。第四に、県内共計を利用することにより輸送に関わる経費精算の省力化を図っている。第五に、配合飼料はA県内の需要者を確保しての製造・供給であり、産地、飼料会社、畜産経営の3者間の調整が容易である。これらの特徴は、生産者が飼料用米に取り組む上で種々の費用を低減するものであり、I市において飼料用米の作付面積が拡大しつつある。ただし、今後の生産増加は飼料用米の広域流通化を余儀なくすることから、現在の流通体制での取扱可能量を超える部分のみ全国共計に参加する予定である(16)。

(2) 行政機関とJAの連携

B農協では、これまで生産調整に取り組んでこなかった地域においても実施が容易であることから、今後も主食用米を使用しての飼料用米の取り組みを推進する予定である。一方、A県行政機関では専用品種の使用を積極的に推進している。その理由は、専用品種に有利な助成金制度（数量払い、産地交付金の追加払い）が導入されたことに他ならない。多収量を実現できれば、農家所得の維持・増加に極めて有効な手段となりえるからである(17)。同じく、県行政では地域内流通において耕畜連携を図ることによる助成金の積み増しも重要視している。そのため、耕種農家と畜産経営のマッチングのためのシステムの形成・運用の充実を図っているところである。

このように、関係機関間で飼料用米の振興に関して若干の方向性の違いがあるが、現場では種々の活動が、各機関の役割分担により連携・協力して行われている。その理由の第一は、流通範囲の広域化を伴う飼料用米への取り組みにおいて、地元ＪＡが集出荷団体として需要者の窓口となること、また、輸送体制の整備にＪＡ組織が構築している県内共計を用いることが極めて有効だからである。Ａ県行政機関において、今後の作付面積の増加を図る上でＢ農協との協力関係は不可欠と認識されている。一方で、第二に、現在の国庫事業の維持の見通しに不安があることから、県単事業として実施される助成金制度はＢ農協にとって重要な支援となる。また、第三に、今後、専用品種での取り組みを希望する地域や農家が出てきた場合、Ｉ市に適した栽培管理技術の確立・普及や技術的な対応は、行政機関が中心的な役割を担うことになる。第四に、Ａ県では、現在は県内産の飼料用米に対する需要が供給を上回っており、まずもって飼料用米の作付面積の増加が必要となっている。このような需給状況においてすでに他県産の飼料用米が県内の畜産経営に販売されているとの情報もある。早期に飼料用米の供給体制を強化し県内産飼料用米と畜産経営との結びつきを確立するためにも関係機関間の連携は不可欠である。

6　おわりに――生産増加に対応した流通体制構築に向けて

本章では、まず、飼料用米の作付面積の拡大推進に関わる要因や背景を整理し、次いで、飼料会社および関係機関への聞き取り調査にもとづきながら流通上の問題および課題を確認した。加えて、流通の効率化を伴う産地形成の先進的な事例の実態把握を行った。最後に、これまでの検討結果をまとめる。

第一に、飼料用米の振興は、水田農業の維持問題に加えて、畜産業の経営安定化問題も視野に入れた取り組みである。しかし、現在の生産量は配合飼料の1%に満たず大きな経営安定効果は期待できない。一方で、この点は今後の飼料用米の潜在的な需要の大きさを意味している。

第二に、現在の飼料用米の流通体制は少量流通を前提としたものであり、産地形成を進める上で今後の流通量の増加への対応を図る必要がある。例えば、産地側では主食用米を使用した場合の紙袋出荷のフレコン出荷あるいはバラ出荷への転換が課題となる。また、供給先である飼料会社側では受け入れ日量のボトルネックの解消が課題となる。これらの課題は、現在の流通量において大きな問題とはなっていないが、今後の生産増加の進展に遅れることなく、対応策を講じる必要がある。一方、専用品種を使用して飼料用米の生産に取り組む場合はコンタミ問題への対応を徹底することが必須であり、産地側では個々の生産者および集出荷団体の両段階での取り組みが必要となる。また、輸送先となる飼料工場の立地に偏りがあることと、輸送コストと飼料用米の価格水準が経済輸送範囲を狭めていることから、産地と需要者のマッチングが重要となる。流通の効率化を行うためには、産地（集出荷団体）と需要者（飼料会社）の間で、出荷日量と受け入れ日量の詳細なすり合わせを行うことが望まれる。

第三に、今後の生産増加に対応した流通体制の構築に向けて、関係機関間の協力関係の形成と連携した活動が重要となる。ただし、全国共計への参加が一種の逆選択となり、割高な流通体制となりえる可能性も残る。この点での対応は都道府県単位での取り組みでは困難であり、より広域での調整・対応を必要とする。

7 〈補節〉飼料用米生産を支える助成金の限界

飼料用米の売り渡し価格は全国的におおよそ30円／キログラムである。輸入飼料原料の価格が高止まりしている現況にあっても、飼料用米の価格の上昇を見込むことははなはだ難しい状況である。したがって、飼料用米への取り組みが成立するためには助成金は不可欠であり、その減額も大きな影響を与える。B農協を事例とする試算においても、集出荷に係る費用だけで、助成金を算入しない収入と同額となった。したがって、生産現場では助成金の維持に大きく関心を寄せており、多くの関係者が不安を隠さない。

表６は、現在の助成金水準において作付面積規模ごとに助成金総額を算出したものである。

２０１４年では33千ヘクタールが作付面積であるが、ＪＡ組織は２０１５年の目標として60万トンを掲げている。[18] 60万トンを生産するためには、平均反収５３０キログラム／10アールとすれば11万３５６８ヘクタールが必要となり、全て面積支払いとすれば助成金として９０９億円となる。すなわち、現在の作付面積３万ヘクタールに積み増す８万３５６８ヘクタールに対して約６７０億円の助成金が必要になる。

表７は「平成27年度農林水産関係予算概算要求」からの抜粋である。飼料用米への助成金の原資は「水田の活用直接支払交付金」であり、平成27年度予算は２７７０億円である。もちろん、この予算の対象は、飼料用米だけでなく、麦、大豆、ＷＣＳ、加工用米、米粉用米と幅広い。前節までの検討において言及しなかったが、地方行政機関およびＪＡでは、これまで麦、大豆の生産により生産調整に取り組んできた地域に対しては、飼料用米への転換を推進することはしないとのことである。したがって、例えば、60万トンに対する追加的な助成

表 6　飼料用米の助成金総額（面積支払い）

供給量	反収 530kg/10a	助成金 80, 000 円 /10a	多収性専用品種 12, 000 円 /10a	
万トン	面積（ha）	助成金（億円）	助成金（億円）	計（億円）
50	94, 340	755	113	868
60	113, 568	909	136	1, 045
100	188, 679	1, 509	226	1, 736
120	226, 415	1, 811	272	2, 083
150	283, 019	2, 264	340	2, 604
200	377, 358	3, 019	453	3, 472

資料：筆者作成

表 7　平成 27 年度農林水産関係予算概算要求（抜粋）

平成 27 年度農林水産関係予算概算要求（総額 2 兆 3, 090 億円）

「新たな経営所得安定対策の着実な実施」（　）内は H26 当初予算
・畑作物の直接支払交付金（所要額）2, 093 億円（2, 093 億円）
・水田活用の直接支払交付金 2, 770 億円（2, 770 億円）
　うち産地交付金 804 億円（804 億円）
［関連対策］
　飼料用米の利用拡大に向けた畜産機械リース事業【新規】59 億円（－）
　〔畜産農家が行う飼料用米の利用・保管に係る機械等のリース導入を支援〕
　配合飼料供給体制整備促進事業【新規】4 億円（－）
　〔飼料用米を活用した配合飼料の供給体制の整備を支援〕
・米の直接支払交付金 806 億円（806 億円）
　〔平成 29 年産までの時限措置とし、平成 30 年産から廃止（7, 500 円 /10 a）〕
・収入減少影響緩和対策（所要額）802 億円（751 億円）
・収入減少影響緩和対策移行円滑化対策 274 億円（－）
　〔米の収入が標準的収入額を下回った場合に、収入減少影響緩和対策の国費相当分の 5 割を補塡（26 年産限り）〕
・収入保険制度検討調査費 6 億円（3 億円）

金を、平成30年度で廃止される米の直接支払交付金８０６億円を充てると想定すれば賄うことが可能である。しかし、80万トン前後が限界であり、飼料用米を偏重することなくしてそれを超える生産増加と助成金の維持を両立するには大幅な予算の組み替えが必要となる。

［付記］本稿は、伊庭治彦「飼料用米の生産振興と流通課題」安藤光義代表『飼料用米生産における多様な経営体における経営成果と要因分析に関する研究』（独立行政法人農畜産業振興機構平成26年度畜産関係学術研究委託調査報告書、平成27年3月）に加筆・修正を行ったものである。

注

（1）本章では、新規需要米として飼料用に生産される米を「飼料用米」と呼び、これに政府が飼料用に売り渡すＭＡ米や備蓄米を加えた米を「飼料米」と呼ぶこととする。
（2）ＷＣＳは輸送コストの高さから流通域を拡張することはより困難である。１ロール（３０００円）の重量は２００〜３００キログラム（１５０キログラム／平方メートル）であり、輸送コストは小さくはない。なお、滋賀県では、「収穫＋梱包＋運送」を畜産農家が３０００円／ロールで請け負い、差額0としている事例がある。
（3）鶏卵の需給ギャップもおおむね3倍に拡大しているが、需要量全体に対する比率は他の畜産物に比して極めて小さい。
（4）例えば、日本農業新聞２０１４年9月13日付、毎日新聞２０１５年2月3日付、読売新聞9月29日付等に関連記事を参照されたい。
（5）飼料用米は配合飼料の製造においてトウモロコシの代替原料となる。ＴＤＮもほぼ同じである。ＴＤＮ値は、玄米94・9、トウモロコシ93・6である（『日本標準飼料成分表』２００９年）。
（6）資料［2］20頁での言及。
（7）２０１３年に備蓄米への出荷増加のために飼料用米が急減したとき、ＭＡ米がそのバッファとなった。
（8）２０１２年産米では、主食用米の平均単収５３０キログラム／10アールに対して飼料用米は４８２キログラム／10アールと低収量であることは明らかである（資料［1］）。

（9）2014年では作付面積10《アール》当たり8万円（面積払いによる。数量払いであれば5万5000～10万5000円）の助成金に、多収性専用品種の使用による1万2000円、さらには耕畜連携による1万3000円の加算が可能であり、これらの合計は10万5000円となる。また、独自の助成制度を積み増している地域もある。

（10）飼料工場は主に太平洋側の港湾地域や畜産主産地に立地している（資料［1］）。

（11）2012年の実績であり、資料［1］による。

（12）飼料用米が主食用米に混入すること。

（13）なお、全国農業協同組合中央会では「今後新たに飼料用米に取り組む産地などにおいては、生産者が作り慣れ、かつ圃場・保管施設でのコンタミを防止することができる主食用品種での取り組みを基本に推進を行う一方、施設の再編整備や圃場の団地化などが進んでいる産地においては、多収性専用品種に積極的に取り組み……。」（資料［3］5頁）としている。

（14）資料［4］41頁を参照。

（15）集出荷時だけでなく、育苗サービスも同様の取り組みが必要である。

（16）この事例が意味するのは、全国共計への参加において一種の逆選択が起こり割高な流通体制となりうることである。

（17）飼料用米を畜産農家に供給するとともに、稲わらを畜産農家へ供給する「耕畜連携助成」により1万3000円／10《アール》が交付される。

（18）資料［3］を参照。

引用資料

［1］農林水産省『飼料用米に推進上の課題と解決に向けた取り組みについて』平成26年4月

［2］協同組合日本飼料工業会『飼料用米に関する日本飼料工業会のメッセージ』平成26年5月

［3］全国農業協同組合中央会『27年産水田農業にかかるＪＡグループの取組方針』平成27年

［4］農林水産省『今般の施策の見直しに係るＱ＆Ａ【未定稿】』（Ｈ26・5・12版）

第9章

産地再編に伴う出荷体制の整備とその調整方法
——福井県の梅産地を事例として

川﨑訓昭

1　福井県若狭町における梅生産の概要

福井県は梅の生産地として全国で栽培面積第4位の地位（約500ヘクタール）にあり、年間約2800トンの梅が生産されている。福井県で生産される梅の主な品種は、梅干し用の「紅映《べにさし》」と梅酒用の「剣先」である。この梅の多くが若狭町（図1）で生産され、町内での生産量は2千トン、県内シェア70％を誇っている。栽培面積に関しては、1981年からの「梅の里づくり推進事業」以降拡大を続け現在総面積約260ヘクタール、農家1戸あたりの平均栽培面積は約0・6ヘクタールとなっている。しかし、近年後継者の不足、兼業化の進展、青梅および白干し梅（梅を塩漬けして干したもの）の価格低下といった理由により、梅作を辞める農家も出現してきている（図2、図3）。

図１　福井県のなかの若狭町の位置

梅産地の農家は、樹上に成る未成熟の果実で主に梅酒に利用される青梅の出荷以外に、樹上で成熟して落下する梅を地面に広げたネットで収集し、自家で洗浄・漬け込みの一次加工（塩漬け加工による白干し梅の製造）し、その白干し梅を二次加工（減塩処理などの味の調整や各種の梅関連商品の製造）を行う加工業者に販売することも行っている。また、一次加工した白干し梅を自家で二次加工したり、梅干しやそれ以外の梅加工品を製造したりする農家も見られる。現在、若狭町の梅生産量の約９割はＪＡ敦賀三方（２０１２年にＪＡ敦賀、ＪＡ三方五湖、ＪＡ若狭美浜が合併）に出荷されているが、青梅集荷量と白干し梅集荷量はそれぞれ１２００トンと６００トンとなっている。その他２００トンは農家が独自で二次加工などを行い、消費者等に向けて販売している。なお、ＪＡが集荷する青梅のうち市場に出荷されるのは８００トンであり、残り４００トンはＪＡが白干し等の加工を行った後に出荷している。

国内最大の梅産地である和歌山県みなべ・田辺地域においては、産地内に多くの仲介業者が存在し、農家が生産した白干し梅を二次加工業者に販売するだけでなく、規格や数量の調整に一定の役割を果たしている。福井県若狭地域においても、民間の二次加工業者[1]が存在しているが、これら二次加工業者は使用する原料である梅を全

図 2　2010 年の全国の梅生産の現状

うめ生産上位 5 県とシェア

（結果樹栽培面積ベース　2010年）

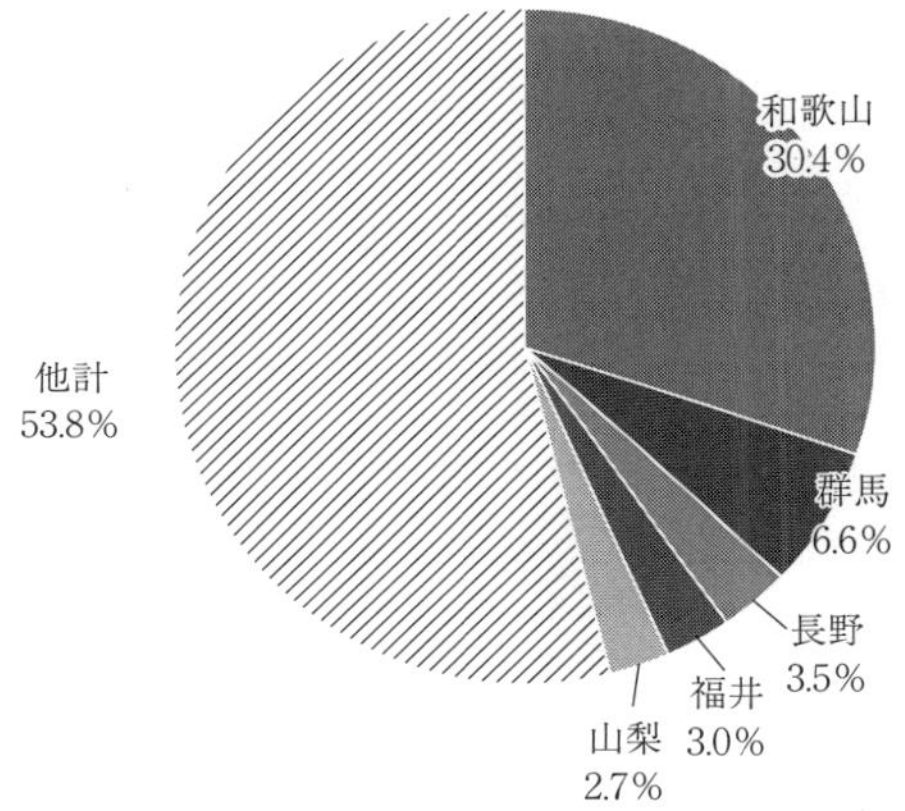

資料：農林水産省統計部「果樹生産出荷統計」

図 3　福井県内の梅生産面積の推移

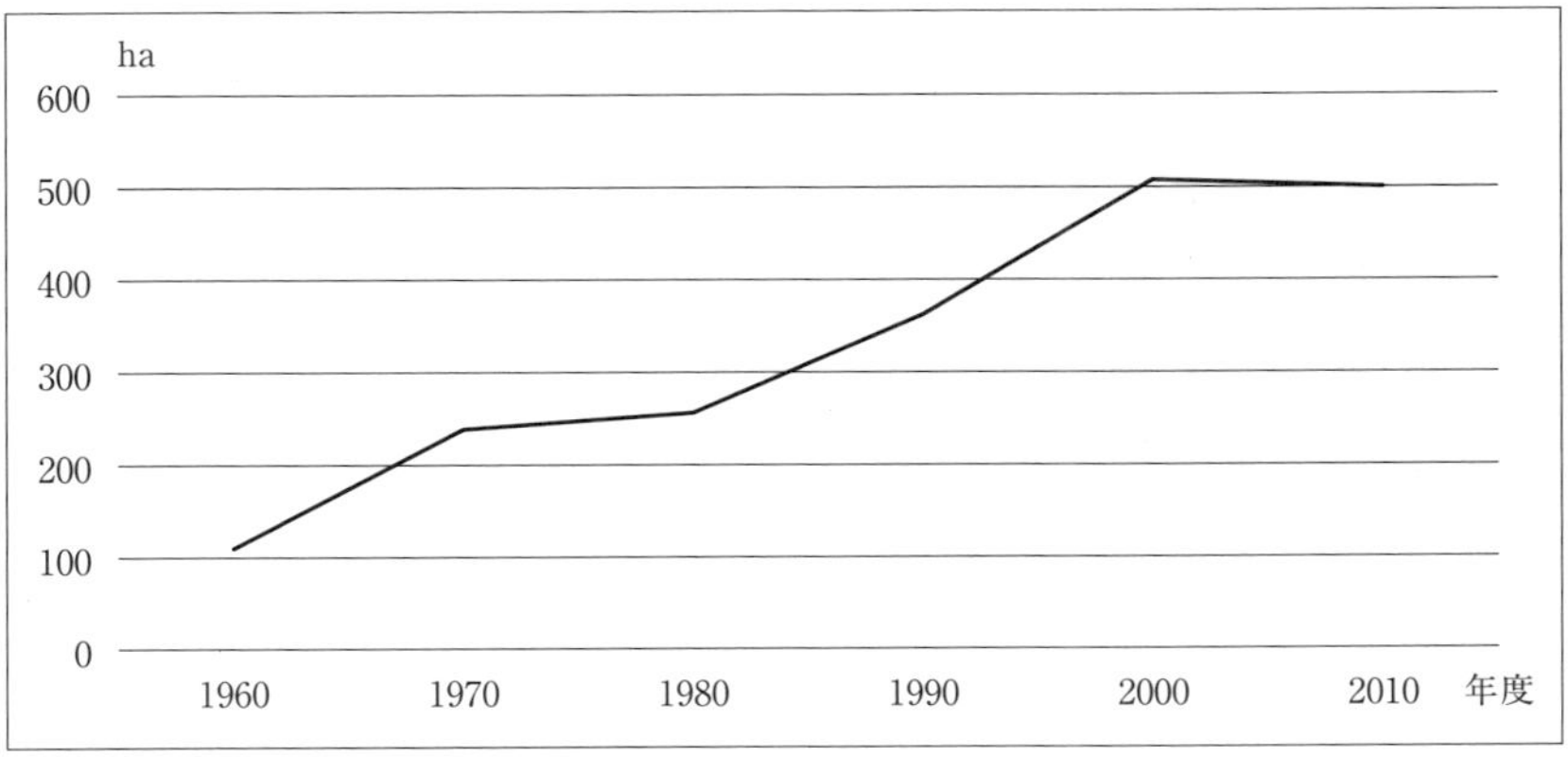

資料：農林水産省統計部「果樹生産出荷統計」

量、ＪＡから調達している。これは、若狭町内には大規模な農家が少なく、生産契約を締結すれば不作時の補填金の設定や農薬のポジティブリストへの対応が不十分になる可能性をふまえた二次加工業者の判断によるものである。

この若狭町の梅農家については、以下の３つの特徴があげられる。１つ目は米と梅とを組み合わせた複合経営を展開している点である。１９８０年代の梅の栽培面積拡大の過程で多くの農家が水田転換により経営耕地を拡大したため、現在のような複合経営が主流となっている。２つ目は、他の地域と同様に、後継者不足が深刻化している点である。ただし、近年は農外からの新規参入者受け入れの事例も見られている。３つ目は、主要品種の「紅映」に「ヤニ果[2]」と呼ばれる障害果が増加し秀品率が低下している点である。そのため、近年はヤニ果の発生しにくい新品種の導入が進められているが、「紅映」が主要品種である点は変わりない。

写真１　梅の洗浄工程

写真２　梅の天日干し工程

写真３　農家が取り組むさまざまな梅の加工品

注：写真１～３いずれも
筆者が2014年８月に撮影

2　戦後から現在までの産地形成の過程と出荷体制の変遷

福井県若狭地域はかつて桐や桑の産地として有名であったが、戦後の石油や生糸の輸入拡大により、次第に衰退し、梅を主体とした産地づくりが行われることとなった。また、1962年の酒税法改正以降の梅酒ブームにのり、梅の生産規模が徐々に拡大した。梅園が急激な拡大を見せたのは、1981年から実施された「梅の里づくり推進事業」が契機となっており、生産規模の拡大とともに既存園の整備、産地の広域化、販売体制の充実が図られた。1990年ごろまでの梅単価は現在の3～4倍（2005年基準に換算された実質値）高く、生産した梅は全量JAに出荷されており、1990年代前半までは全量青梅での出荷であった。新興の梅産地であり、50アール以下の比較的小規模な農家が大多数を占めていたことから、技術を要する白干し梅の加工に取り組む産地体制は取られなかった。

1990年代後半には、梅は米とともに若狭地域の基幹作目となったが、他の新興産地の増加と安価な中国産梅の急激な増加により、図4のように1994年から1995年にかけて青梅価格が50%以上下落し産地としての対応が必要となった。その対応策として1996年にJA三方五湖が加工事業を本格化させた。それまでスソ物（青果品として出荷できない低品質品）や傷物を使用していた加工事業に良質な梅を使用するために、販売所兼加工施設として「梅の里会館」を建設した。このことにより、6～7月に農作業が過度に集中していた梅生産の作業体制から年間を通した作業体制へと変更することも可能となった。

このとき同時に、図5のように農家からの白干し梅出荷の受け入れを開始し、農家に白干し加工を積極的に

図 4　青梅販売単価の推移

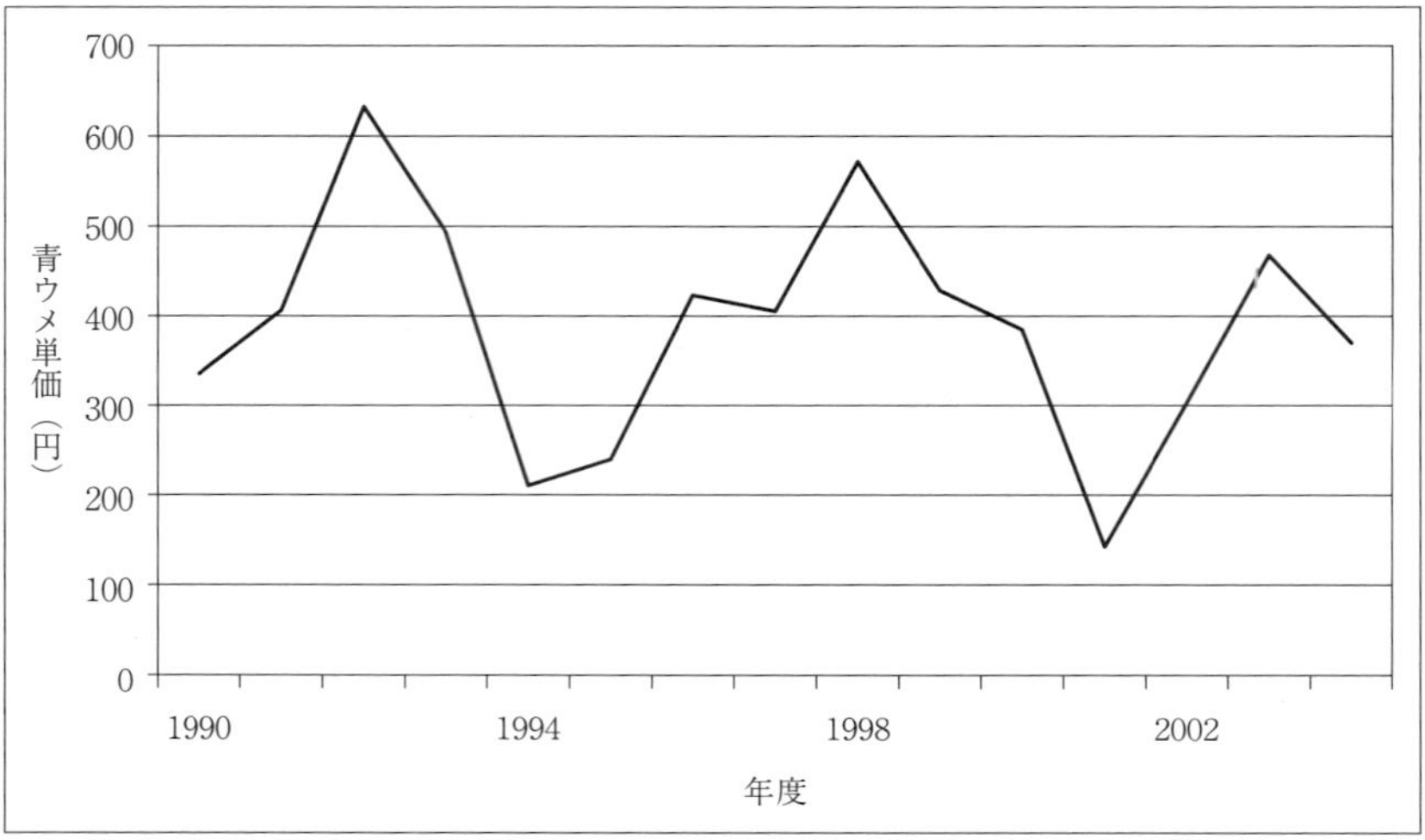

資料：ヒアリング調査（2014 年 8 月）より

図 5　JA 集荷数量の変遷

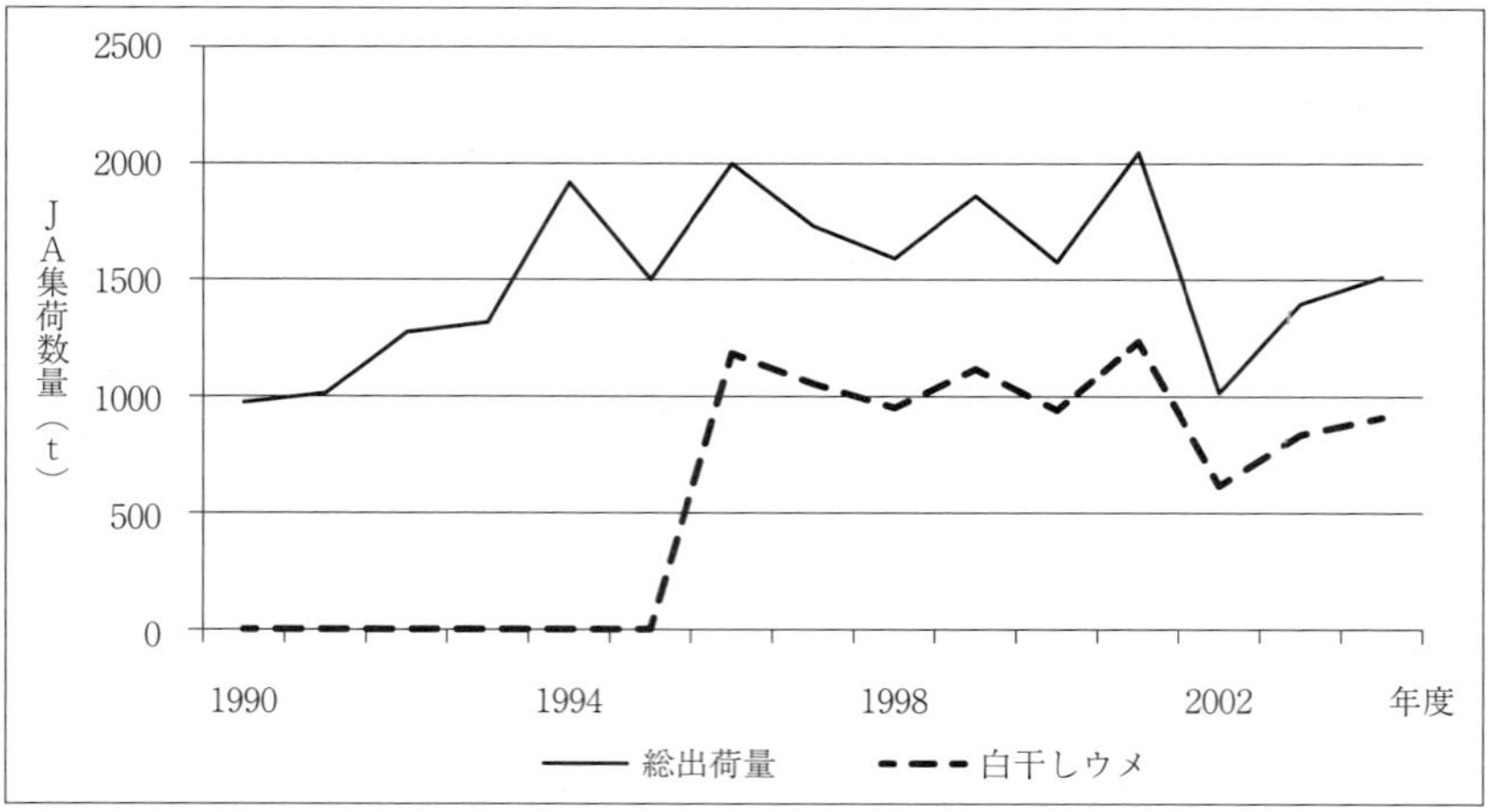

資料：ヒアリング調査（2014 年 8 月）より

奨励した。また、市場での青梅価格の暴落を防止するために、各農家に対し、日量および出荷期間中の総出荷量に関する数量制限[3]を設定した。これは、厳格な取引量水準の設定だけでなく、数量制限の設定により低品質の青梅の出荷を抑制し、質の均一化・安定化を達成する狙いも持つ。ただし、青梅出荷量３トン（地域内の平均反収は約1トン）未満の農家に関しては、過去実績とは無関係に全量買い取りを実施することとした。これは、梅の一次加工を行うには梅の洗浄場所や乾燥場所などの新たな施設の整備・設置が必要となるが、そのような取り組みに抵抗感を持つ小規模農家や兼業農家へのＪＡおよび梅部会の配慮である。

その後、２０００年前半にはＪＡの加工工場の生産・加工技術が確立され、それに伴う販売促進活動の成果により販路も拡大してきたことから、農家からの一次加工梅の出荷をさらに拡大させる出荷調整策を採用した。また、近年は一次加工だけではなく、独自の製品開発や販売先の確保など「福井梅」ブランドの確立に向けた新たな取り組みも行っている。この対応により、ＪＡに出荷している約３５０戸の農家のうち約１００戸が一次加工をしたのちにＪＡに出荷しており、さらにその半数の約50戸は二次加工処理を手掛けるようになってきている。ただし、農家の高齢化の進展と青果中に占めるヤニ果率の大幅な上昇が産地全体の新たな課題として認識されている。

3　若狭地域における産地展開と出荷調整

(1) 産地における問題の所在

梅産地のような加工用を主とする農産物の産地では、安定的な価格による農産物取引が個別経営および産地農業の発展に大きな役割を果たしてきた。一方で、わが国の食の多様化や洋風化など食生活の変化のなかで、梅干しや漬物などの日本の伝統的な食材への需要は減少傾向を続けている。そのなかで、加工を必要とするという特質により、原料農産物を買い取る加工会社の取引上の優位性や交渉力の強さが存在し、市場の動向に応じて加工会社の買い取り量が上下するという特徴を持つ。そのため、産地が拡大し生産量が増加するにつれて、農家から加工会社へ出荷される農産物の出荷量に量的・質的な制約が加えられ、出荷や取引条件の整備・確立が喫緊の課題となっている産地が増えている。

次に、農家の副業から発展した加工業種では、原料農産物の品種に地域固有のものが多くその優劣に加工品の優劣が大きく影響を受けることに加え、地域独自の加工方法があり製品の種類が多様であること、労働集約型で生産性が低いことなどにより、産地が淘汰されてきた。また、この種の加工会社の多くは小・中規模である。加工会社の原料調達手段としては、荒木(1993)が指摘しているように地縁・血縁関係を利用した購入と、卸売市場を介した購入の2タイプがあることが知られている[4]。ただし、「南高」のように各地で生産される品種の調達では2つの購入タイプがみられるが、福井県の「紅映」のように地域固有の品種の場合は地縁・血縁関係を利用した購入タイプが多い。

また、これまでJAが取り組む農産物加工は、経済連(県単位で経済事業を行うJAの連合体)単位でのスソ物処理を行う果汁工場が中心であった。しかし、近年は自産地の販売力およびブランド力向上を目標として各種加工事業に営むJAも増えてきている。その結果、加工原料を主とする農産物産地では、中小の一般加工工場に加え、JAの加工工場もその一翼を担う構造となっている。

日本の多くの産地が抱える上記の問題を検討するため、本章では地域内で加工原料の生産から加工まで一貫して行う梅産地である福井県若狭町において、梅生産農家、梅生産部会、JA敦賀三方(合併以前のJA三方五湖とその加工工場も含む）の３つの主体を事例とし、原料となる農産物の過剰および不足を避けるため、各主体がどのように出荷および取引の調整行動を図っているのかを分析する。特に、産地の形成過程と出荷方法の変遷を整理することにより、その出荷体制と産地再編の関連性に着目する。そこで第一に、経営規模別の14農家（表1を参照、経営規模別に分類）およびＪＡ（加工工場を含む）への聞き取り調査（２０１４年8月実施）から、出荷方法の変遷を明らかにする。第二に、出荷方法の変更とそれに伴う農家行動を考察し、その調整行動を明らかにする。

（2）産地の展開と出荷に関する条件整備

ここでは、福井県若狭地域の産地展開について、堀田（１９９３）で示された３つの段階（初期段階・発展段階・成熟段階）に分類する。具体的には、青梅一品目のみが出されていた時期を初期段階、白干し梅出荷を開始し高価格を実現した段階を発展段階、梅価格の新たな下落に直面した時期を成熟段階とする。その上で、３つの段階における、産地内での出荷状況およびその条件整備についてそれぞれ整理する。和歌山県みなべ・田辺地域のように多くの仲介業者の存在を前提とした多様な販売ルートをもつ場合と異なり、若狭町のように農家の販売ルートが制限される場合には、農業経営の安定性と安全性を重視した産地体制が重要となる。

産地の初期段階（１９９５年まで）では、白干し梅の出荷は行わず、青梅一品目での出荷体制が維持されてきた。前述の「梅の里づくり推進事業」の後押しもあり水田転換による梅園の拡大が行われ、青梅出荷量は１９９０年から１９９５年の5年間に約1千トンから約2千トンへと倍増することとなった。出荷量の急増に直面したこの間、産地として古くから梅生産に取り組んできた既存農家の出荷量の確保と、新規に梅生産に取り組む農家の梅出荷を可能とするための方策が取られてきた。具体的には、新規もしくは更新の際には白干し加工対応可能

表 1　調査対象地域の経営規模別農家の概要（福井県若狭町）

農家	年齢（歳）	梅面積（ha）	水田面積（ha）	青梅出荷量（t）	一次加工出荷量（t）	二次加工出荷量（t）	農業所得に占める梅関連の割合	梅のJA出荷割合（%）	農家の特徴
A	62	0.4	3.0	0.5	2.0	1.0	13.5%	45%	定年就農者（元JA職員）
B	63	0.5	0.3	3.0	2.0	0.5	86.7%	90.9%	女性経営主
C	73	0.6	0.6	2.0	2.0	2.0	54.7%	66.7%	定年帰農者（元JA職員）
D	64	0.9	2.0	5.0	10.0	0.1	85.3%	96.7%	定年帰農者（兼業）
E	58	1.1	0	5.0	2.0	3.0	100%	70.0%	女性経営主
F	54	1.2	0.8	3.0	2.0	10.0	94.4%	37.5%	専業農家
G	60	1.5	0.1	2.0	0	10.0	100%	16.6%	専業農家（後継者有）
H	54	2.0	0.3	10.0	15.0	0	94.4%	100%	兼業農家
I	71	2.5	0.3	10.0	20.0	0	100%	100%	専業農家
J	69	2.5	1.0	0.8	12.0	0	80.0%	100%	定年就農者（元県職員）
K	47	2.7	6.0	10.0	20.0	0	79.5%	83.3%	専業農家
L	23	3.0	0.9	20.0	2.0	8.0	94.3%	73.3%	専業農家
M	49	3.0	24.0（共同）	10.0	10.0	10.0	76.9%	80.0%	後継ぎ農家
N	50	4.0	1.0	30.0	20.0	10.0	94.0%	70.0%	専業農家

資料：ヒアリング調査（2014 年 8 月）より作成
注：生産規模 1 ha 未満、1 ha 以上～ 2.5ha 未満、2.5ha 以上で農家を規模別に分類している。

第Ⅱ部

な「紅映」の栽培を奨励すること、傷物を使用していた加工事業に良質の梅を使用するための販売所兼加工所の施設建設を進めたことなどが挙げられる。

続いて、発展段階（1996年～2002年）への移行期には、梅部会は出荷される梅のサイズや重量など幅広い出荷規格の整備を図り、価格の安定化だけでなく質の安定化や均一化も図る条件整備を行うこととした。そこで、各農家の日出荷量および出荷期間中の総出荷量に関する出荷数量を規定した。ただし、小規模農家や兼業農家に配慮して、青梅出荷量3トン（地域内の平均反収は約1トン）未満の農家に関しては、過去実績とは無関係に全量買い取りを実施するという、2つの出荷基準併用を実施している。

最後に、成熟段階（2002年以降）への移行期には、梅生産者の年齢構成や栽培される品種が多様化していくなかで、生産者間での意識の統一と品質の均一化を図ることが必要となる。そのため、梅生産による収益の拡大を狙い、経営規模の拡大や品質向上を図る農家の経営努力に関して、一定数量以上の出荷を行う農家への買い取り価格の割増や、高品質な梅の買い取り価格の上昇など、経営努力に見合った価格インセンティブを設けている。また、町やJAが出資した農業生産法人（第三セクター）を設立し、地元産原料にこだわった梅加工品を製造し、地元の農産物・特産品を提供するレストランおよび直売所を運営している。主力となる加工品は梅酒で、自社農園での減農薬栽培の青梅を中心にJAから仕入れた青梅を使って製造し、東海地方を中心に出荷している。

以上の出荷条件整備をともなう産地展開の結果、現在、地域内の大規模農家は、これまでの経営展開やライフストーリーによる差異もあるが、臨時雇用により梅を収穫し、生産した青梅および白干し梅を全量JAに出荷するようになっている。二次加工した梅製品については、独自の販売ルートの拡大が困難ななかで、米の直販先にセットで販売したり、近所の民宿に販売し、売上の増加やリスクの分散を図っている。追加設備や人手の確保、販売経路の開拓や商品発送の手間などの多くの負担がかかる二次加工については、安全性などに対する社会の目が厳しくなるなかで、その割合を減少させる経営判断を行う高齢の大規模農家も見られる。

次に、中規模農家では、水田は所有しているものの地域の農業法人に作業を部分委託もしくは全面委託し、自経営は梅の専作としているところが多い。青梅は基本的には全量ＪＡに出荷し、梅加工品に関しては直売所や様々なイベントで販売している。豊作・不作といった収穫量の変動には、ＪＡへの青梅出荷量を増減させることで対応している。農業外所得で経営を成り立たせている経営体も多くあり、経営規模のさらなる拡大は図らず、中規模経営を維持したまま今後につながる販路の確保を模索している経営が多い。例えば、このような中規模農家が他の作目を生産している農家も巻き込み、加工・販売グループを形成する事例も見られ、今後もこのような流れが続くと考えられる。

最後に、小規模農家では、兼業農家として梅を栽培し、定年退職後に梅専業農家となった場合が多く見られる。このようなところでは、有機栽培や減農薬栽培にこだわり、それに興味・関心をもつ消費者に直接販売するという経営方針をとっている経営が多い。また、稲作との複合経営を行っている場合も多く、米の直販の顧客に梅を二次加工した梅干し、梅ジャム、梅エキス、梅シロップなどを同時に販売し、安定的な売り上げ確保に努めている。

どの規模の農家にも共通する課題としては、後継者に関する問題が挙げられる。友人関係や親戚関係を基軸とした販売先の拡大や事業の多角化を模索している経営体の多くは、そうした経営展開で後継者が確保できるか否かを経営判断の基準として考えている。

4 若狭地域における産地展開と出荷基準の整備

(1) 福井県若狭町における産地の出荷対応

事例地域では、出荷量の制限を開始するにあたり生産者の適性（経営規模・年齢構成・専兼業別）を判断し、小規模農家には全量青梅での出荷を推奨した。1995年には地域内の青梅生産量が約1500トンであったが、青梅の市場販売可能量は約1200トンであったといわれており、約300トンの生産過剰状態にあったと言われている。このように販売可能な青梅の量が限られている、言い換えれば出荷量という資源が稀少性を持つ状況下で、JAが主体となった加工工場（梅の里会館）が設立され、1996年度には200トンを加工し青梅の出荷量が調整されたことで、青梅単価は前年度比175％を達成した。それ以降、産地では部会を中心として青梅出荷量800トンが産地出荷量として規定され、その達成に向けて各主体が努力を続けている。もちろん各主体の利害の対立がないわけではない。例えば、古くから梅栽培に取り組んできた既存農家には過去5年間の出荷量達成実績にもとづく出荷制限を課す一方で、新規農家には全量買い取りとしたことで、既存農家の中には少なからず不満を持つ者も存在した。そのような状況下でも、JAの加工工場の設立とともに、既存農家が独自に梅を加工販売して出荷調整を行うという形で折り合いをつける、いわば「妥協」行動をとったことが、その努力の最たる例である。

2000年以降になると、農家の高齢化が進行する、または世代交代が進むなかで、プール方式による品質評価を志向したり、白干し梅の出荷量を減らし青梅の出荷量を増やす農家の割合が増加するなど、農家の経営観、経営意識が多様化してきた。実際、表1のように大規模農家と中規模農家の青梅出荷率が高くなってきている。このように、経営観や経営意識が多様化し、その差異が大きくなり、既存の産地体制や出荷体制に不満や疑問をもつ農家も増加する状況だった。そこで産地として、第1に農家での自家二次加工を推奨し、農業所得に占める梅関連の割合の維持を図った結果、2010年までに約50戸の農家が二次加工に取り組むようになっている。第2に増加していたヤニ果率の上昇に対し、品種「紅映」からヤニ果が発生しない「新平太夫」への更新に産地ぐるみで取り組んでいる（秀品率は2000年75・6%から2004年87・9%に回復）。梅は果樹品目であり品種更新に長い期間が必要なため、「剣先」「紅映」の青梅出荷と白干し梅出荷用の「新平太夫」とを組み合わせた作目構成をとる加工梅主体農家と、既存の「紅映」を中心とした青梅主体農家とを組み合わせた産地体制の構築に取り組んでいる。

しかし、このような取り組みにもかかわらず、近年小・中規模層の加工出荷量割合の増加と、大規模農家層の青梅出荷割合の増加が見られる。これは、コメと自家加工した梅干しとをセットにした直売や業者との取引が増加したためである。また、青梅収穫は手作業が必須のため、多額の雇用労賃（聞き取り調査では、反当たり年30万、農業経営費のおよそ3～4割を占める）が必要であり、ネット（網）で収穫可能な熟果を利用した白干し梅を選択する農家が増えたこともその要因といえる。そのため、今後は部会とJAが年生産量にあわせ出荷量を決定するような産地の出荷体制も必要になると考えられる。

(2) 考察

以上の事例地域における産地展開と出荷基準の整備を、産地発展の展開過程別にみると以下のように捉えることができる。まずは、産地の初期段階から発展段階に移行する段階について見ていこう。園芸産地では稲作からの転作等を契機として形成される場合が多い。そのため、新たな作目の生産に既存組織の構成員の多数が参加する場合は極めて少なく、産地体制がある程度構築された後に生産者が急激に増加することが多い。その際、産地として販売可能な数量や加工可能な数量という制約条件が現れることになる。そのため、急激な出荷者の増加に対する産地対応として出荷農家の限定や農家間での出荷基準の違いを設けざるを得ず、農家間での軋轢を導くことにもなりやすい。事例としてとりあげた福井県若狭町の場合、このような軋轢を避けるため経営規模・農家年齢・専兼業別を判断材料として農家の適性別に出荷基準を変更する等の対応により、発展段階へ移行してきた。

次に、産地の発展段階から成熟段階への移行について見ていこう。農業を取り巻く環境の不確実性が高まるなかで、各農家の認識や対応姿勢が多様化し、各農家の経営における品目の生産面でのウェイトが多岐にわたり、農家間で産地としての維持・発展という共通の関心に差異が生じうる。専業農家もあれば、安定的な収益を得る手段として生産を行う農家や、高齢化し農業そのものの継続が危うい農家も存在している。そのため、農家間に生産意欲の差などが生じ、産地内で関心の共通化が図れなくなっている。事例産地では、均一的な評価基準から農家の現況にあわせた取引形態を導入することなどにより、多様化する農家に適応した取引形態の構築を行ってきた。

上記のように、特に、初期段階から発展段階にかけては、急激な生産者の増加に直面するため、各種の出荷に関わる制約条件を考慮した産地体制の事前の確立が必須となる。また、発展段階から成熟段階にかけては、コメとの複合経営の存在を考慮し、表1に示したように経営体別に農業所得に占める梅関連の割合と農家の特徴を把握・類型化した上で出荷条件を設定するといった柔軟な対応が必要となる。

5　おわりに――産地の利点を活かすために

本章では、加工を主とする農産物産地の発展過程において生じる出荷に関する条件整備とその調整方法について検討した。その結果、産地発展の過程において、個別農家間および農家とＪＡ間で対立が内在的に発生する産地構造にあり、それを緩和する形式の出荷体制の構築がなされていることが明らかとなった。特に、産地の初期段階から発展段階にかけて販売可能な数量や加工可能な数量という制約条件が現れることになり、出荷をめぐって農家間での軋轢を導くことにもなりかねないが、このような軋轢を避けられるよう産地として対応してきたことが明らかとなった。

福井県若狭町ではコメと梅の複合経営が多いという利点を生かし、産地内のさまざまな利害、関心の対立を緩和・調整するために、農家およびＪＡは出荷基準の変更や出荷体制の移行を図ってきた。産地の利点を見つめなおし、それを活かす形で産地の体制を整えることが、軋轢を回避しつつ産地再編を推進するための有効策となるだろう。

注

（1）地域内にあるこの加工会社は、１９８７年5月創業であり、年間の売上規模は4億円である。創業当初の製品販売量は20㌧程度であったが、現在では２００～２５０㌧規模にまで拡大している。ＪＡ三方五湖に出荷される青梅１千㌧中の半分を原料としている。

（2）「ヤニ」と呼ばれる樹脂様の物質が果実上または内部に漏出する障害。一般的にヤニ果には、「外ヤニ果」と「内ヤニ果」

があるが、ここで特に問題となっているのは「内ヤニ果」であり、白干し梅に加工しても規格外品となる。栽培管理や薬剤の散布は「ヤニ果」の発生に対し一定の効果が見られるものの、現時点では十分な効果が得られていない。

（3）制限量以上の出荷にはペナルティが課せられる。制限量は各農家の直近5年間の出荷量平均を基準として調整され、決定されている。

（4）ごく一部の大規模加工会社は、卸売市場からの調達を基本とし、農家との販売契約を締結して、自社ブランドの確立を推進している。

引用文献

荒木一視（1993）「和歌山県南部川村における梅生産・加工の展開」『経済地理学年報』157～173頁

佐藤和憲（1985）「地域農業組織の組織モデル」『農業経営研究』第23巻第2号、1～9頁

高橋正郎（1973）『日本農業の組織論的研究』東京大学出版会

西井賢悟（2006）「信頼型マネジメントによる農業生産部会の革新」大学教育出版

堀田忠夫（1995）『産地生産流通論』大明堂

E. A. Locke (2000) "The Blackwell Handbook of Principles of Organizational Behavior" Blackwell

W. H. Schmidt (1974) "Conflict: A Powerful Process for Change" Management Review 63(12)

第10章 新たな農法による産地形成の実態
——兵庫県豊岡市の「コウノトリ育む農法」を事例として

上西良廣

1 はじめに

(1) 近年のブランド米の概要

米生産を取り巻く状況は、生産者にとって厳しい方向へと年々変化している。米の相対取引価格は、長期的に見ると下落傾向にあり、この影響は生産者の手取りの減少という形で生産者に影響を与える。このような状況下で、生産者が農業経営を継続し発展させるための手段の1つとして、付加価値をつけたブランド米の生産、販売が挙げられる。事実、近年ブランド米を生産、販売する生産者、産地が急増している。

ブランド米のなかでも特にユニークな取り組みとして注目されるのは、生き物や生態系といった地域資源と関連付けた「生き物ブランド米」[1]である。「生き物ブランド米」は、環境省（２００６）によると、「カモやメダカ、ゲンゴロウなど水田に生息する生き物や、地域に固有な生物と関連付けて生産されたお米であり、多様な立場の人間が関係しており、近年特に注目を浴びている」とされている。「生き物ブランド米」は、生産者が水田の生態系に配慮し、水田に地域の生き物を戻すことを目的として始められたものがほとんどであり、生き物と共生するために、農薬や化学肥料などを節減した栽培方法によって作られたお米である。また、魚や鳥などの生き物が暮らす水田で育った米であるということが、食の安全を求める消費者に受け入れられている。「生き物ブランド米」として、新潟県佐渡市のトキ、兵庫県豊岡市のコウノトリ、宮城県蕪栗沼周辺のマガン、ヒシクイと関連付けた取り組みが知られている。「生き物ブランド米」は、生物多様性や環境保全に資するという新たな価値を付与することができ、ブランドのイメージ向上や価格プレミアムに結びつけやすい。そのため、「生き物ブランド米」は、今後の米農業の持続的な展開を図る上で有望な試みと考えられる。

ところで、「生き物ブランド米」として米をブランド化するにあたっては、関連付ける生き物や生態系の保全を図り、さらにブランド商品として品質や規格を統一するために、特定の栽培法や農業資源の管理など新たな農法を生産者に導入してもらう必要性が生じうる。つまり、米のブランド化を図る農協や生産者組織、行政などの関係主体にとっては、特定の農法の導入と地域内での拡大を進めることが重要になる。しかし、地域の多くの生産者にとって新しい栽培方法や管理手法、とくに農薬や化学肥料の利用の制限やその他環境保全のための作業をともなう農法は、生産コストの増加や収量の低下など経営上のリスクをもたらしうるものであり、全ての生産者に容易に受け入れられるとは限らない。具体的には、農法を導入することで収量がどう変化するか、あるいは労働時間はどれくらい増えるかなど不確実な要素が非常に多い。したがって、ロジャーズ（２００７）が指摘するように、「個人もしくは、他の採用単位によって新しいものと知覚されたアイデア、行動様式、物」、つまり、イノベーションを早期から採用する人間は極めて限定され、ブランド化のための新農法についても、早期からの採用者は非常に少ないと考えられる。このため、米のブランド化のために特定の農法の普及を図る関係主体（農法の推進主体）は、地域内で早期に採用する人間を見極め、さらに農法を広めるために、その他の生産者に効果的かつ効率的にアプローチする手法を考えなければならない。

(2)「生き物ブランド米」の担い手としての集落営農

本章では、「生き物ブランド米」の生産の担い手として、特に集落営農に焦点を当てる。

高橋（2003）は家族経営体と比較した時の集落営農が有する有利性として、以下を挙げている。

①諸資源（労働力、資本、土地）の効率的な調達・利用が可能である。

②多様な資質や技能を有する人的資源の確保や兼業等の異業種に従事している者からの様々な情報の享受が可能になる。

③面的な土地利用調整が可能になるとともに、農家単独では容易に実現できない「規模の経済性」の発揮が可能になる。

④農地や水といった地域資源の総合的管理が可能になり、生活環境等の維持を図ることが可能になる。

これらの有利性をふまえると、集落営農は家族経営体と比較した時、農法や技術を導入しやすいと考えられる。なぜなら、集落営農は、土地を効率的に集積できることから、家族経営体と比較すると経営規模が大きくなりやすく、経営面積の一部の農地で新農法の試験的な導入が可能であるからである。また、農法を実践するなかで不明な点が出たり、想定外の事態が生じたとしても、集落営農の構成員の間で情報共有をすることで、対応策を考えられるためである。さらに、集落営農は、集落内の人間が集まって組織されるため、家族経営体と比較した場合、農法の導入にともなって一人あたりが負担するリスクの大きさは相対的に減少するだろう。

その上、「生き物ブランド米」の場合、特定の水管理を行うことが生産者に求められる場合が多い。家族経営体による取り組みでは水管理と関係した周囲とのあつれきなど問題が生じやすいが[2]、集落営農であれば、面的な土地利用調整が可能となり、問題が生じるのを防ぎやすい可能性がある。水利条件に関する有利性に関しては、谷口（２００５）も集落営農の独自性として指摘している。集落営農以外の組織経営体と比較しても、水管理という点で、集落営農は有利性を持つと考えられる。組織経営体の場合、農地は集落内に固まって集積しているとは限らない一方で、集落営農は集落内の農地を中心に集積する。水の利用について一定の規制力を有している集落内において農地を集積する点で、集落営農の方が水管理を行いやすいと考えられる。

以上より、集落営農が有する有利性は、「生き物ブランド米」と関連する農法や技術の導入に影響を与えることが予期される。具体的には、家族経営体や他の組織経営体と比較して、集落営農では農法を導入しやすく、「生き物ブランド米」の有望な担い手となると考えることができる。つまり、農法の推進主体が農法を定着・拡大するうえで、集落営農に対して農法の導入を働きかけることは、きわめて効果的となる可能性が高い。

以上をふまえ、本章では先進的な「生き物ブランド米」の例である「コウノトリ育む米」を生む「コウノトリ育む農法」に取り組む兵庫県豊岡市を対象に、集落営農が同農法を導入した経緯とその要因を明らかにする。このような分析により「生き物ブランド米」に取り組んでいる、あるいはこれから取り組もうとする地域の関係者（生産者やブランド化に必要な農法の推進者）に、どのような集落営農に、どのように農法の普及を働きかけていけばよいのか有用な情報を提供できると期待される。

なお本章では集落営農を、農林水産省による定義をふまえつつ、全面受託型の集落営農のみを対象として「集落内の大半の人間により構成されており、集落を単位として、農業生産過程における全部についての共同化・統一化に関する合意の下に実施される作業の全面的受託を行っている営農」と定義する。

2　「コウノトリ育む農法」による生産の概要

本章で対象とする「コウノトリ育む農法」（以下、「育む方法」）に関しては、別稿[3]で詳しく述べている。そのため、本章では「育む農法」による生産や経営に関する内容、集落営農に対する支援策を中心に述べる。

（1）「育む農法」の生産概況

豊岡市の資料によると、2013年産米の「育む農法」の経営試算は表1のようになっている。表1より、「育む農法」を慣行栽培と比較すると、農薬の使用量を低減できることが関係して生産経費は低く抑えることができ、一方で販売収入は増加するため、差引額は大きくなっていることがわかる。しかし、除草作業や水管理を追加で行わなければならないため、労働時間は慣行栽培よりも増加するという特徴がある。

次に表2は、2013年産の「育む農法」による水稲の作付面積を市町別に表したものである。豊岡市以外では、他の市町と比較して、朝来市において取り組みが拡大していることがわかる。「育む農法」によって栽培された米は、3市2町を管轄するJAたじまが全量集荷しており、「コウノトリ育むお米」（以下、「育むお米」）という商品名で販売している。

ところで、豊岡市と朝来市以外の各地域には、地域固有のブランド米が存在する。例えば、養父市の蛇紋岩米（慣行栽培）や香美町の村岡米（減農薬米）では、「育むお米」より高い買取価格が設定されている。そのため、このようなブランド米が存在する地域では、買取価格で考えると「育むお米」を生産するインセンティブは低いことがわかる。実際に、ブランド米の集荷・販売主体であるＪＡたじまは、各地域の個性を活かすのがＪＡの役割だと考えており、地域に固有のブランド米が存在する場合は、「育むお米」よりもそれを生産したほうが良いと考えている。そのため、但馬地域全体で見た場合、「育むお米」はＪＡたじまのトップブランドというわけではなく、いくつかあるブランド米の１つとして位置づけられている。ただし、朝来市には地域固有のブランド米が存在しないため、①但馬地域全域が対象地域であり、②地域で生産できるお米のなかで「育むお米」が最も高い、という2点により取り組みが他市町より広がっている。

最後に表3は、「育むお米」のＪＡたじまの集荷量と但馬地域内での生産人数の推移を表している。集荷量、生産人数ともに毎年増加しているが、特に２００６年に、集荷量、生産人数共ともに急に拡大している。これは２００５年にコウノトリの初放鳥が行われたことと、コウノトリ育むお米生産部会が設立されたことが関係している。

（2）集落営農に対する支援策――集落まるごと事業（豊岡市）

次に、「育む農法」に取り組む集落営農に対する支援制度を紹介する。

「育む農法」の特徴の１つは、早期湛水、冬期湛水の実施、中干しの延期などの水管理が必要となることである。しかし、これらの水管理は個人では取り組みにくいという問題がある。なぜなら、水田に水を引く時期が集落で決まっている場合は、自分の水田のみに水を引くことはできないからである。さらに、個別に水田に

表 1　各農法の経営試算（2013 年産米、10a あたり）

	慣行栽培	「育む農法」(無農薬)	「育む農法」(減農薬)
販売収入（円）	113, 080	153, 266	137, 200
収量（kg/10a）	514	418	490
単価（円 /kg）	220	366	280
生産経費（円）	110, 868	93, 906	94, 481
差引額（円）	2, 212	59, 360	42, 719
労働時間（時間）	22	34	30

出所：豊岡市の資料をもとに筆者作成

表 2　2013 年度の市町別「育む農法」（水稲）の面積

市町別	栽培方式別面積（ha）		
	減農薬	無農薬	計
豊岡市	218. 3	51. 4	269. 7
養父市	26. 2	1. 3	27. 5
朝来市	39. 5	19. 1	58. 6
香美町	0. 0	0. 0	0. 0
新温泉町	2. 4	0. 0	2. 4
合　計	286. 4	71. 8	358. 2

出所：豊岡農業改良普及センターの資料をもとに筆者作成

表 3　「コウノトリ育むお米」の集荷量と生産人数の推移

年産	2003	2004	2005	2006	2007	2008	2009	2010	2011	2012	2013
集荷量(t)	6. 9	24	78	166. 2	249	448. 5	630	720	875	890	990
生産人数	5	12	17	51	81	147	189	219	227	248	264

出所：JA たじまの資料をもとに筆者作成
　注：生産人数は、コウノトリ育むお米生産部会に所属する人数である。1 組織で 1 人としてカウントされている。

写真１　一面に広がる「育む農法」の田んぼ

写真２　電柱の上のコウノトリ

写真３　抑草のための迂回水路

第Ⅱ部

水を引くことができたとしても、隣の水田に水がしみこんでしまう場合があり、隣が慣行農法を行う水田であれば、機械を入れて作業をする際に迷惑をかけてしまうという問題が生じるからである。[4] そのため、豊岡市では個別経営体より集落営農の方が「育む農法」に取り組みやすいであろうと考えて、集落営農を対象とした「集落まるごと事業」を創設した。この事業は、おおむね3ヘクタル以上（最大5ヘクタル）の圃場で、新たに「育む農法」に取り組む、または栽培面積を拡大する集落等（農会、集落、営農組合、法人、大規模農家等）を対象としている。助成内容は大きく分けて以下の2つである。

① 学習会や視察研修等の事務的経費、堆肥等の購入費として最大10万円を交付する（①年目）。
② 「育む農法」に取り組む圃場に対して、3万円／10アールを交付する（②、③年目）。

2012年度は、2つの営農組合と2つの農会が事業に取り組み、栽培面積の合計は11・6ヘクタルであった。2013年度は新たに2つの法人と生産者組織、大規模農家が事業に取り組み、栽培面積の合計は12・6ヘクタルであった。同事業により、「育む農法」の栽培面積が24・2ヘクタル増加している。

3 「育む農法」に取り組む集落営農の概要

(1) 調査対象者の選定

「育む農法」は但馬全域の生産者によって取り組まれているが、本章では、取り組みの発祥地であり、第2

節で見たように取り組みの中心地である豊岡市の集落営農のみを対象とする。豊岡市には、２０１４年の時点で、48の集落ぐるみの組織が存在する。そのうち本章の集落営農の定義に該当する全面受託型の組織は11である[5]。このなかで、２０１４年に「育む農法」（うるち米）に取り組んでいる集落営農は9組織である。残りの集落営農2組織のうちの1つの組織は、「育む農法」に取り組んでいるが、うるち米は栽培しておらず酒米のみを栽培している。また、残りの組織では、かつて「育む農法」に取り組んでいた水田の全てを道路用地として提供したため、２０１４年には同農法に取り組まなかった。しかし今後、「育む農法」の要件である早期湛水が可能な水田を集積できれば、再び取り組む意向を持っている。そこで、本章では、「育む農法」のうるち米を栽培している9つの集落営農の全てを対象として、調査を行った。

(2) 調査を行った豊岡市の各集落営農の概要

表4は、各集落営農の概要をまとめたものである。集落営農は「育む農法」の導入年の順番にならべられている。

分析は、対象の集落営農を導入時期によって分類した上で、それぞれの特徴を明らかにすることにより行った。ロジャーズ（２００７）によれば、イノベーションの導入者は導入時期によって五つの採用者カテゴリーに分類でき、各カテゴリーに属する採用者の特徴は大きく異なることから、集落営農に関しても、農法の導入時期によって特徴が異なることが考えられるからである。

本章では、地域全体での「育む農法」の作付面積に注目し、後述の理由で面積が急激に増加した２００５年を基準として、それ以前に取り組み始めている集落営農を「先発の集落営農」、それ以降に取り組み始めている集落営農を「後発の集落営農」として分類する。これは、この年を基準として、生産者が置かれている環境

表 4　調査を行った豊岡市の各集落営農の概要

	先発の集落営農			後発の集落営農					
集落営農名	A	B	C	a	b	c	d	e	f
組織区分	高齢組織		専業組織	高齢組織					
設立（法人化年）	2001	2001（2007）	1988（1998）	2006（2009）	2002（2012）	1987	2007（2010）	2007	2011
育む農法導入年（認知年）	2003（2003）	2004（2003）	2004（2003）	2007（2006）	2007（2006）	2008（2007）	2008（2007）	2008（2006 以降）	2012（2011）
集落内農地面積	8.0	27		20.3	25	22.1	23	10	40.1
役員の平均年齢（歳）	67	67		64	67	59	63	59	63
経営規模（集落内）	6.0	24	65（28.3）	26.4（15.0）	11.4	7.5	5.4	8.5	2.0
うち育む農法・水稲（減・無）	4.9（4.2, 0.7）	14.1（10.7, 3.4）	7.8（7.4, 0.4）	13.4（8.6, 4.8）	7.3（6.1, 1.2）	1.0（0.7, 0.3）	2.4（2.1, 0.3）	4.6（4.6, 0）	0.56（0.4, 0.16）
うち育む農法・大豆	–	6.5	16.6	–	–	–	1.4	–	–
栽培品目	水稲 野菜	水稲 大豆 小麦	水稲 大豆 小麦 WCS	水稲	水稲	水稲 そば	水稲 大豆	水稲 WCS	水稲
農法の主な紹介者	普及センター	普及センター	普及センター	普及センター	市	普及センター、市、JA	普及センター	普及センター、市	普及センター

出所：聞き取り調査の結果をもとに筆者作成

注 1：集落営農 B の「育む農法」の大豆の面積は 2013 年度のものである。それ以外は 2014 年度のデータである。

2：経営規模、育む農法の面積の単位は ha である。

3：図中の網掛け部分に関しては、データを得ることができなかった。

が大きく変化したと考えられるからである。先発の集落営農が農法を導入した時期は、不確実な要素が非常に多く、条件を満たす限られた集落営農しか導入しなかったと考えられる。一方、後発の集落営農が農法を導入した時期は、農法に対する知識や情報がある程度蓄積され、農法導入に伴う不確実な要素が減少しているため、より多くの集落営農が農法を導入できたと考えられる。

豊岡市における「育む農法」の作付面積は２００４年度が16・2ヘクタールであったのに対し、２００５年度は41・7ヘクタールと倍以上になっている。この理由としては、２００４年度に栽培技術が確立し、２００５年度の作付用に「育む農法」の栽培暦が完成したことで、生産者が農法に関する情報を得やすくなったことや、２００５年9月にコウノトリの初めての放鳥が計画されていたため、生産者の農法に対する意識が向上したなど様々な要因が考えられる。このような理由により作付面積が急増した２００５年度を分類基準年としたものである。分類の結果、先発の集落営農は3組織（集落営農Ａ～Ｃ）、後発の集落営農は6組織（集落営農ａ～ｆ）となった。

さらに、先発、後発の集落営農のなかでも、専業農家が主体の組織（「専業組織」とする）と、定年退職者が主体の組織（「高齢組織」とする）に分けて分析を行う。これは、経営規模や品目といった経営内容、農外収入の有無、農業観などが大きく異なり、農法を導入するまでのプロセスにきわ立った違いがあると考えられるからである。なお、「専業組織」は、集落営農Ｃのみで、残りの集落営農は、「高齢組織」であった。

以上のように分類を行い、先発、後発の集落営農の特徴をまとめ、農家の経営行動モデルにもとづき、農法の導入過程を分析する。その上で、先発の集落営農が農法を導入した時期を農法の定着段階、後発の集落営農が農法を導入した時期を農法の拡大段階と捉えて、各段階において農法の推進主体が、どのような集落営農に、どのような方法で農法の定着、拡大を働きかけていけばよいのかを考察する。

4　理論的な分析モデルの構築

(1) モデルの構築

門間（1999）は、農家の経営行動を、①動機が顕在化するプロセス、②統合的意思決定によって行動を起こすか否かを決定するプロセス、③具体的な行動の内容を決定する核心的意思決定のプロセス、④TOTE単位（状態のtest、食い違い行動のoperate、再度のtest、動機や目標の達成による行動からのexit）を作動して行動結果を評価するプロセス、という4つの行動プロセスが統合したものとして整理している。本章では、農法を導入するまでのプロセスに焦点を当てるため、③のプロセスまでを検討するとともに、②と③のプロセスを一体的に「意思決定のプロセス」として捉える。したがって、農法を導入するまでの過程を「①動機の顕在化プロセス」と「②意思決定のプロセス」の2つのプロセスとして理解する。

「①動機の顕在化プロセス」の内容に関しては、これを詳細に検討した浅井（1999）を参考にする。浅井は、このプロセスを「（主観的要因である経営者の）価値観・志向と（客観的要因である）経営条件が複合的に影響して、技術の導入効果の特定側面に誘因を見出し、動機が形成される」としている。また、農法の評価に影響を与える要因として、経営条件である水稲規模、経営組織（単一作、複合作）を挙げている。本章では、これらをより広く捉え、経営規模と栽培品目を考えることとする。また、浅井は、価値観として農業観、経営理念・目標を挙げている。この点に関しては、集落営農の構成員の農業観を考える。農業観の定義は、浅井で述べられている「農業にどのような価値を認め評価するかという営農の基本的な価値観」とする。例えば、「できるだけ多くの所得を得たい」「消費者に喜ばれる良質な農産物を作りたい」「自然環境を大切にした農業をしたい」といった農業観が挙げられている。また、こうした農業観は経営条件に影響されると考える。

次に「育む農法」の特徴をふまえて、農法の導入効果、すなわち、生産活動を通して得られる効果を考える。「育む農法」は、水田やその周辺環境の改善や、餌となる生物数を増加させること等によってコウノトリの餌となる生物を増やすことを目的としている。そのため、農法を導入することで生産者はコウノトリの餌場を作り、コウノトリの野生復帰活動に貢献できる。これは、農法の導入効果であり、「コウノトリに貢献できる」という効果をモデルに設定する。さらに、表1で見たように農法を導入することで、慣行栽培と比べると収量は減少するものの、販売単価の上昇と労賃を除いた生産費を低く抑えることができ、結果として差引額が増加する。これも農法の導入効果であり、「集落営農の収益向上」という効果をモデルに設定する。まとめると、非経済的な効果である「コウノトリに貢献できる」と、経済的な効果である「集落営農の収益向上」の2つを導入効果として設定する。

「②意思決定のプロセス」に関しては、前出の門間、浅井の考えを援用してモデルを構築した山本（2006）を参考にしてモデルを構築する。山本は、動機が顕在化した後、阻害要因を解消するための意思決定や経営行動を行った結果、また阻害要因の低減・解消を促進する要因が影響した結果、意思決定が行われると考えており、本章でもこの考え方を援用する。

このプロセスでは、具体的にどのような行動を起こすのかという意思決定が行われる。本章の場合は、農法を導入するか否かという選択肢のみ存在する。さらに、山本は、阻害要因の低減・解消行動に続いて意思決定がなされるとしている。特定の農法を導入することで、程度の差はあるものの、これまで確立してきた農法の改善、改良、廃止を余儀なくされる。そのため、新農法を導入する際に生じる不安感や抵抗感、わずらわしさ

表5　技術導入の際に生じる阻害要因の種類と内容

経営条件	技術条件	主体条件
土地・労働力・資本の水準	・技術自体の高度化の程度 ・技術自体のもつ操作方法と導入効果の不確実性	既存の技術体系を変えることへの不安感・抵抗感・わずらわしさ

出所：山本（2006）をもとに筆者作成

は阻害要因となりうる。表5は、技術導入の際に生じる阻害要因の種類と内容について整理したもので、阻害要因を経営条件、技術条件、主体条件の3つに分類している。この3つの阻害要因のなかでも、本章では主体条件に注目する。山本（2006）も指摘するように、阻害要因に関する研究には経営条件、技術条件に限定されたものが多く、主体条件に関する研究蓄積はいまだ少ないためである。具体的には、農法を導入することにともなって生じる「不安感等を低減するための行動」と「不安感等を低減した要因」、すなわち、農法の情報・知識と関係する行動をその要因を考える。

以上をふまえると、本章で集落営農が「育む農法」を導入する過程を分析するモデルは図1のようになる。

「①動機が顕在化するプロセス」に関しては、導入効果の評価に影響を与えた役員の農業観はどのようなものであったのか、経営条件である経営規模と栽培品目は役員の農業観にどのような影響を与えたのかを分析する。「②意思決定のプロセス」に関しては、農法導入にともなう不安感等を低減するような要因、また不安感等を低減するような行動が何であったのかを分析する。次項では、プロセスごとに行った分析結果を示す。

（2）分析結果

1　動機が顕在化するプロセス

表6は、動機の顕在化に影響を与えた導入効果の調査結果を表している。先発の集落

図 1　分析に用いる集落営農が農法を導入するまでのモデル

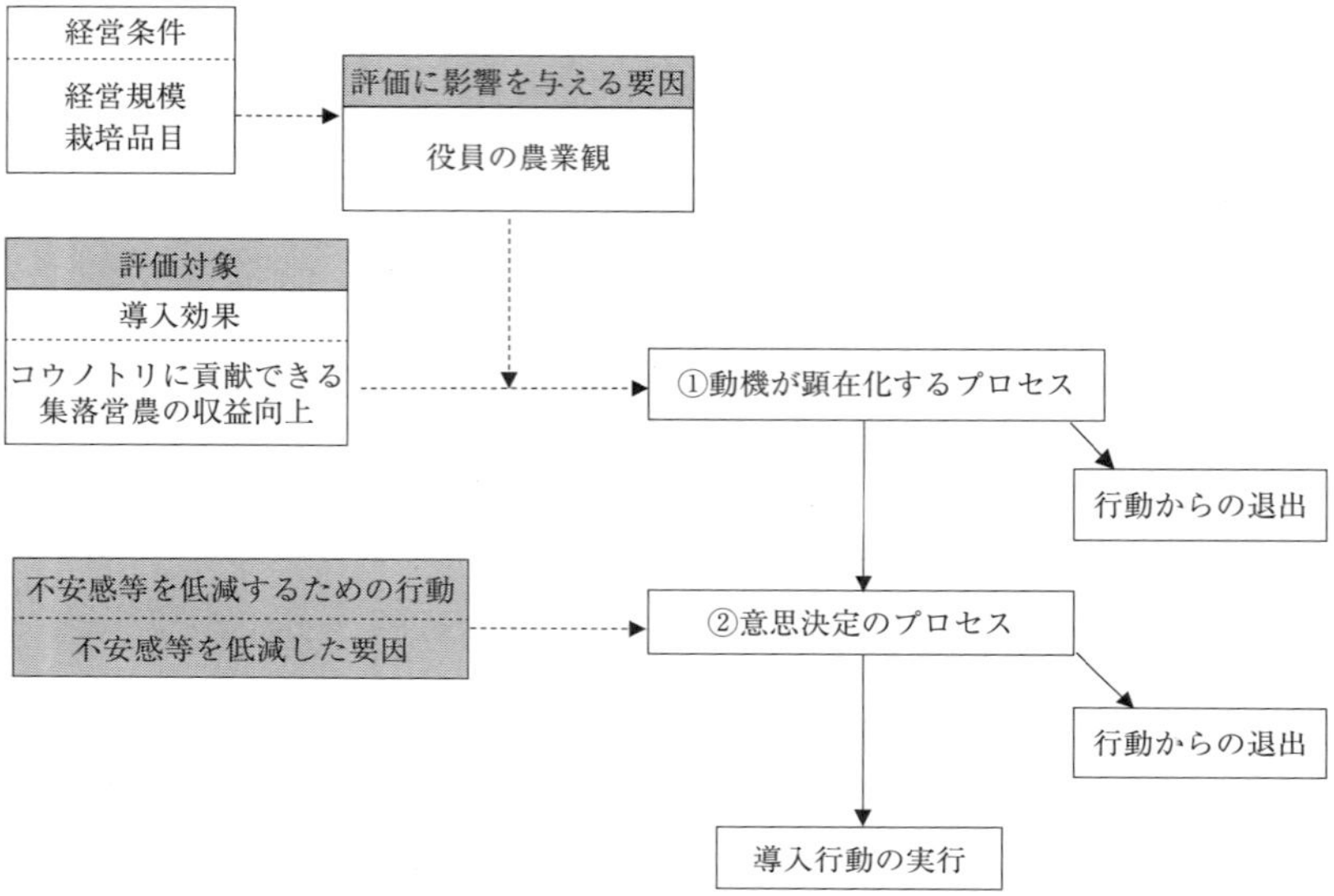

出所：筆者作成

注：実線の矢印は集落営農がとりうる行動の経路、破線の矢印は各プロセスで行われる内容を示す。

営農のうち高齢組織の二つは、「コウノトリに貢献できる」という導入効果によって動機が顕在化している。また、「集落営農の収益向上」という導入効果は、いずれの集落営農にも影響を及ぼしていないことがわかった。一方、後発の集落営農の全てにおいて動機の顕在化が「集落営農の収益向上」という導入効果に影響を受けていることがわかった。また、一部の集落営農では「コウノトリに貢献できる」という導入効果が動機の顕在化に影響を及ぼしている。

以上のように、先発の集落営農と後発の集落営農で違いが見られる結果となった。以下では先発、後発の分類を、さらに動機の顕在化に影響した導入効果別に以下のグループに細分化したうえで分析を行う。

【先発の集落営農】

グループ①：「コウノトリに貢献できる」が動機の顕在化に影響を及ぼしているグループ

表 6　動機の顕在化に影響を与えた導入効果の調査結果

		先発の集落営農			後発の集落営農					
		A	B	C	a	b	c	d	e	f
導入効果	コウノトリ	○	○	−	○	−	−	−	−	○
	収益向上	−	−	−	○	○	○	○	○	○

出所：筆者作成

注1：「○」は導入効果に影響を与えている、「−」はほとんど影響を与えていないことを意味する。

2：導入効果の「コウノトリ」は「コウノトリに貢献できる」、「収益向上」は「集落営農の収益向上」を意味する。

（集落営農A、B）

【後発の集落営農】

グループ②：「コウノトリに貢献できる」が動機の顕在化に影響を及ぼしているグループ（集落営農a、f）

グループ③：「収益向上を期待できる」が動機の顕在化に影響を及ぼしているグループ（集落営農a～f）

グループ①

集落営農Aでは、コウノトリと貢献する取り組みを積極的に行っていこうという思いが共有され、コウノトリのために農薬を使用しない農業を行いたいと考えていた。集落営農Bでも、役員の間で、コウノトリの野生復帰事業を支えて成功させたいという思いが共有されていた。二つの組織の組合長と一部の役員は、コウノトリは農薬によって絶滅したので、農薬を使った農法は改めるべきであると考えていた。

グループ②

集落営農aの組合長は、「当たり前にコウノトリが生息していた頃はどうということはなかったが、コウノトリが絶滅した後は、その原因となるような農法は改めるべきだ」と話し、農薬の使用により今まで環境を破壊してきたが、これからはあらゆる生物にとって良い環境を作り出すような農業を行いたいと考えていた。集落営農ｆの組合長は、「育む農法」は県や市が推進している農法であり、協力しなければならないと考えていたことに加え、コウノトリの野生復帰活動に農業で貢献したいという思いを持っていた。

このように、グループ①、②の4つの集落営農の組合長や一部の役員は、コウノトリのために農業で貢献したいと考えていた。つまり、「コウノトリと共生できる農業を行いたい」という農業観を持っていたと考えられる。この農業観を持っていたことで、「コウノトリに貢献できる」という導入効果が、動機の顕在化に影響を及ぼしたと考えられる。

グループ③

このグループの全ての集落営農が、集落内の農地の保全を目的に設立されている。営利目的で組織が設立されたわけではないが、経営を継続できなければ組織を維持できず、農地も保全できなくなる。そのため、各組織の組合長は、最低でも組織を維持できるだけの収益を追求する必要があると考えていた。よって、全ての集落営農が「できるだけ多くの収益を得たい」という農業観を有していたといえる。この農業観が影響した結果、全ての集落営農で「集落営農の収益向上」という効果によって動機が顕在化したと考えられる。

次に表7に、導入効果の評価に影響を与える役員の農業観と、農法導入にともなう不安感等を低減するような要因、また不安感等を低減するような行動との関係についての分析結果をまとめた。「コウノトリと共生できる農業を行いたい」と、「できるだけ多くの収益を得たい」という役員の農業観が、農法の導入効果を評価

表 7　各プロセスにおいて影響を与える要因の分析結果

<table>
<tr><th colspan="3"></th><th colspan="3">先発の集落営農</th><th colspan="6">後発の集落営農</th></tr>
<tr><th colspan="3"></th><th>A</th><th>B</th><th>C</th><th>a</th><th>b</th><th>c</th><th>d</th><th>e</th><th>f</th></tr>
<tr><td rowspan="2">動機が顕在化するプロセス</td><td rowspan="2">導入効果</td><td>コウノトリ</td><td>コウノトリ</td><td>コウノトリ</td><td></td><td>コウノトリ</td><td colspan="4"></td><td>コウノトリ</td></tr>
<tr><td>収益向上</td><td colspan="3"></td><td colspan="6">収益</td></tr>
<tr><td rowspan="2">意思決定のプロセス</td><td colspan="2">不安感等を低減するための行動</td><td rowspan="2">低減・解消されていない</td><td rowspan="2">低減・解消されていない</td><td></td><td colspan="6">関係機関からの情報提供</td></tr>
<tr><td colspan="2">不安感等を低減した要因</td><td>経験蓄積</td><td colspan="2"></td><td>経験蓄積</td><td colspan="3"></td></tr>
</table>

出所：筆者作成

注：導入効果の欄に書いている「コウノトリ」「収益」は、導入効果の評価に影響を与えた役員の農業観を表す。コウノトリ：コウノトリと共生できる農業を行いたい、収益：できるだけ多くの収益を得たい。

する際に影響を及ぼしたと考えられる。

まず、「コウノトリと共生できる農業を行いたい」という農業観から見ていく。経営規模に注目すると、この農業観が導入効果に影響を及ぼしている集落営農は、対象の集落営農のなかでは、2㌶や6㌶といった小規模経営の組織もあれば、20㌶以上の大規模経営組織もある。さらに、栽培品目に関しては、水稲単作の組織もあれば、複数の品目を栽培している組織もある。そのため、「コウノトリと共生できる農業を行いたい」という農業観には、経営規模と栽培品目は影響を及ぼさないと考えられる。

次に、「できるだけ多くの収益を得たい」という農業観について見ていく。導入効果に影響を及ぼしている組織では、経営規模が2㌶といった小規模な組織から、26㌶という大規模な組織が存在する。さらに、栽培品目は、水稲のみの組織もあれば、複数の品目を栽培している組織もある。以上から、「できるだけ多くの収益を得たい」という農業観には、経営規模と栽培品目は影響を及ぼさないと考えられる。

なお、いずれの集落営農においても、組合員や役員が関係機関から「育む農法」を勧められて「付き合いで」導入したと話していた。このことは、収益の向上など短期的な効果のみならず、関係機関の要請に応えることにより信頼関係を向上させたり、将来的な互酬関係を期待して動機が顕在化したと考えられる。ただし、山本（２００６）にもとづく本章の分析モデルでは、導入される技術そのものの効果が動機の顕在化に影響すると仮定しており、このような技術そのものとの関連性の低い要因は想定されていない。したがって、分析モデルの適用の限界について検討する必要があるといえよう。

2　意思決定のプロセス

ここでは、農法導入にともなう不安感等を低減するような要因や行動が何であったのかを分析する。

①先発の集落営農

■集落営農A、B

集落営農Ａ、Ｂの組合長は、合鴨農法の栽培経験があったが、「育む農法」の無農薬栽培や減農薬栽培と比較すると農法の内容が大きく異なるため、その経験をあまり生かせなかったようである。また、導入当時は「育む農法」を確立していく段階であったため、同農法に関する情報がほとんど存在しなかった。そのため、不安感等を低減するような要因や行動は存在しなかったと考えられる。よって、これらの集落営農では、不安感等が低減されていないが、農法を導入したと考えられる。

■集落営農C

集落営農Cは、「育む農法」に取り組む以前から、減農薬や無農薬で米を栽培し、ブランド米として販売し続けていた。以前から取り組んでいた環境保全型農法から「育む農法」には水管理の追加と、指定資材への変更のみで移行できた。ゆえに組合長によれば「(似た農法の経験があったことから、) 農法を導入することに対してほとんど抵抗感はなかった。」したがって、類似の農法の経験から蓄積された農法に関する情報や知識が、不安感等の低減につながったと考えられる。

②後発の集落営農

■集落営農a～f

後発の集落営農はすべて、生産者向けの「育む農法」に関する研修会に参加したり、関係機関から個別に農法を紹介されるという形で、農法の情報を得ていた。それにより、農法の導入にともなう不確実な要素が減少し、導入が容易になっていた。つまり、「関係機関からの情報提供」によって、不安感等が低減したと考えられる。

■集落営農c

集落営農cは、減農薬などの環境保全型農法に20年近く取り組んできた。このことに関して集落営農の役員たちは、「育む農法を導入しても、作り方はあまり変わらない」と感じていた。そのため、集落営農Cと同じように、栽培方法が良く似た農法の「経験蓄積」が、不安感等を低減したと考えられる。

表7をふまえて、組織とプロセスごとに分析結果をまとめると、表8のようになる。

表 8　組織とプロセスごとの分析結果のまとめ

		動機が顕在化するプロセス	意思決定のプロセス
先発の集落営農	高齢組織	「コウノトリと共生できる農業を行いたい」が、導入効果の評価に影響を及ぼしている。	不安感等は低減されていないが、農法を導入している。
	専業組織		「経験蓄積」が不安感等を低減している。
後発の集落営農		①全ての組織で、「できるだけ多くの収益を得たい」が、導入効果の評価に影響を及ぼしている。 ②「コウノトリと共生できる農業を行いたい」が、導入効果の評価に影響を及ぼしている組織がある。	①「関係機関からの情報提供」が不安感等を低減している。 ②「経験蓄積」が不安感等を低減している。

出所：筆者作成

5　結論と今後の課題

(1) 結論

本章での分析、考察を通して得られた結論は、以下の2点である。

まず1点目は、農法の定着段階である極めて初期の段階では、定年帰農組の多い「高齢組織」と専業農家からなる「専業組織」が中心となって、「育む農法」を導入していた。これら先発の集落営農のうち前者では、コウノトリは単なる生き物ではなく、地域のアイデンティティと強く結びつけられていた。そのため、コウノトリも棲める環境を作りたいという思いが、農法導入の動機づけとなっていた。つまり、コウノトリという存在が動機を顕在化させていた。また、年金という収入源のある定年帰農者が中心の組織であったがゆえに、収益の安定性が不透明な農法にも取り組むことができたと考えられる。山本（2006）によれば通常は意思決定のプロセスで焦点となる農法導入にともなう不安感等は、そもそも最初から許容範囲のものだったと思料される。

一方で、専業農家が中心の「専業組織」では、コウノトリのために農法を導入したわけではなかった。むしろ経営のさらなる安定化や今後の農業経営の新たな可能性が動機を顕在化させていたと考えられる。また、複数の作目部門からの比較的安定した収入や類似の農法をすでに経験していたことにより、意思決定のプロセスにおいて、不安感等が低減したか、あるいは最初から許容範囲のものであったと思料される。

2点目は、先発の集落営農により農法が地域内で定着した後の農法の拡大段階で「育む農法」を導入した全ての後発の集落営農においては、収益の向上が動機の顕在化に影響していた。コウノトリが動機の顕在化につながっていた事例も存在したが、このような集落営農でもどちらかというと収益の向上の方が動機の顕在化に、より大きな影響を与えていた。これらの後発の集落営農が農法を導入した段階では、すでに農法が地域内で定着しており、農法の情報を様々な主体から得ることが可能な状況であった。このため、山本（2006）にもとづく本章の分析モデルにしたがえば、意思決定のプロセスにおいて問題となる不安感等は、すでに農法を導入した集落営農や関係機関から様々な情報を得ることで、低減させられたと考えられる。また、「育む農法」を導入すると除草などのために労働時間が増加することから、労働力に余裕がなければ導入は難しい。したがって、同じ分析モデルにしたがえば、例えば雇用労働の導入の検討や集落内で労働力を調整することによって、不安感等を低減させるような行動をとると考えられる。ところが、実際には、多くの組織では定年帰農者が中心であったため労働力に余裕があり、上記のような行動をとっている組織は少なかった。このことは、この分析モデルのもととなった山本のモデルの修正の必要性を示唆している。

さらに、本章を通して、集落営農が持つ家族経営体と比較した時の有利性は、農法の導入に影響を与え、家族経営体や他の組織経営体よりも、集落営農は農法の導入が実現しやすいと考えられた。

(2) 農法の定着・拡大方法に関する提言

次に、結論をふまえて、農法の推進主体が「生き物ブランド米」のブランド化にあたり、特定の農法を集落営農を対象に効果的かつ効率的に普及させていくための方法を提言する。ロジャーズ(2007)が示したように、早期にイノベーションを導入する人間は非常に限られる。そのため、農法の定着段階では、それを導入する経営体の数は極めて少数になることが予期される。したがって、多数の生産者に対して農法の認知を図るのではなく、早期に導入する可能性の高い少数の集落営農に働きかけ、まず農法を導入してもらうことが効果的かつ効率的な方法と考えられる。例えば、本章で扱った「育む農法」の場合に見られたように、「生き物ブランド米」と関連付けた生き物と深い関係がある集落営農に働きかけていくことが有効となろう。

また、本章で示した、定年退職者が中心の集落営農や大規模かつ多品目による経営を行っている専業農家による集落営農のように安定した収入源があり、農法の導入にともなう不安感等があまり問題にならないような集落営農も導入する可能性が高く、このような集落営農にも働きかけることが有効であろう。

一方で、農法が地域内で一定程度定着した段階では、農法に関する情報が十分に関係機関や先発の集落営農に蓄積されており、情報を入手しやすくなっているため、後発の集落営農が、農法導入にともなう不安感等を低減することは比較的容易であると考えられる。そのため、この段階では、できるだけ多数の集落営農に農法をまず認知してもらい、動機を顕在化させることが重要となろう。つまり、対象をしぼることよりも、むしろ多くの集落営農に働きかけができるような機会、例えば研修会や講習会などを開催し、農法を紹介して認知してもらうことが効率的であろう。農法を認知し、興味を持った集落営農があれば、さらに個別に詳しく農法についいて説明することにより、不安感等が低減し、効果的かつ効率的に多くの集落営農に農法を導入してもらうことが可能になるであろう。

(3) 残された課題

最後に、本章に残された課題として、以下の3点を指摘できるだろう。

まず、本章では1つの地域の集落営農のみを対象として、農法の導入プロセスを分析した。他の地域での「生き物ブランド米」の取り組みや、家族経営体による農法導入のプロセスに関しては、考察が及んでいない。したがって、他地域での取り組みや、家族経営体など集落営農以外の経営体を対象として研究を行い、農法導入に関する理論の構築をさらに進める必要があるだろう。さらに、本章では集落営農にしぼって分析を行ったが、「生き物ブランド米」のブランド化のためには、特定の農法を面的に拡大する必要があり、家族経営体やその他の組織経営体にも農法の導入を図らなければならない。そのため、本章の対象事例地域や、「生き物ブランド米」の生産を図ろうとしているその他の地域において、集落営農以外の経営体にも焦点を当て、農法の導入プロセスを明らかにする必要がある。

次に、農法の面的な拡大には、農法を導入していない集落営農が新たに農法を導入するという意味での拡大と、すでに農法を導入している集落営農が面積を拡大するという2つのパターンが考えられる。本章では、前者のみに焦点を当てて、モデルを構築して分析を行った。しかし、集落営農に導入された特定の農法や技術をさらに拡大する際の理論的説明の構築や、農法の面的な拡大を図るために、後者にも焦点を当て、すでに農法を導入した集落営農がその拡大を決定するプロセスを検討する必要があるだろう。

最後に、本章では実際に「生き物ブランド米」と関連する農法を導入した集落営農のみを対象としたが、対象事例地域やその他の地域において、特定の農法を導入しない経営体を対象とし、その理由を明らかにする必要もあるだろう。本章で構築したモデルを用いて、そもそも動機が顕在化していないのか、あるいは動機は顕在化しているが導入するという意思決定をできなかったのかを調査した上で、その要因や導入しない集落営農の特徴を明らかにすることで、農法の導入プロセスをより立体的に捉えることができるであろう。

［付記］本章は、「平成26年度　豊岡市コウノトリ野生復帰学術研究補助制度」の支援を受けて行った研究（上西良廣「集落営農における農法導入プロセスに関する一考察――コウノトリ育む農法を事例として――」『平成26年度　豊岡市コウノトリ野生復帰学術研究奨励論文』を大幅に加筆・修正したものである。

注

（1）生き物と関連付けた同様の取り組みには、農林水産省が推進する「生きものマーク」の取り組みもある。
（2）早期湛水を行った場合、慣行農法を行う予定の隣の水田に水がしみこんでしまうことがある。その場合、慣行栽培を行う生産者が農業機械を水田に入れたときに沈んでしまい、作業がしにくくなるため揉め事の種となってしまうことがある。
（3）詳しくは、上西良廣「多様な主体がとりくむ環境保全型農業と地域ブランド米の展開――兵庫県豊岡市の「コウノトリ育む農法」を事例に」（『躍動する農企業』昭和堂、２０１４年）を参照。
（4）このことにより隣の水田の耕作者とトラブルになった人が、生産者研修会の時に実態を話してくれた。
（5）豊岡市の担当者への聞き取り結果に基づく。

引用文献

浅井悟・門間敏幸『農家経営行動論――農家の行動論理と意思決定支援』農林統計協会、１９９９年
浅井悟「新技術導入の動機と規定要因に関する農業者意識の分析――水稲病害抵抗性品種を対象に」浅井悟・門間敏幸『農家経営行動論――農家の行動論理と意思決定支援』農林統計協会、１９９９年、１１３～１３５頁
環境省『第３回生物多様性国家戦略懇談会資料』２００６年

高橋明広『多様な農家・組織間の連携と集落営農の発展――重層的主体間関係構築の視点から』中央農業総合研究センター、２００３年
谷口信和「集落営農は日本農業の担い手たりうるか」『農業と経済』第71巻第5号、２００５年5月、15～24頁
門間敏幸「農家の経営行動を総合的に把握するための理論フレーム――農家経営行動論の基礎」『農家経営行動論――農家の行動論理と意思決定支援』浅井悟・門間敏幸、農林統計協会、１９９９年、1～48頁
山本和博『農業技術の導入行動と経営発展』筑波書房、２００６年
E・M・ロジャーズ、三藤利雄訳『イノベーションの普及』翔泳社、２００７年

第11章 知的財産制度の戦略的な活用と産地形成、その展開方向
――稲美ブランドの事例から

木原奈穂子

1 はじめに

平成22年12月に「地域資源を活用した農林漁業者等による新事業の創出等及び地域の農林水産物の利用促進に関する法律」（以下、「六次産業化・地産地消法」）が制定されたことにより、個別農業経営が商品開発を行うことはもちろん、産地として特産品の開発に乗り出す動きも見られるようになった。その流れに続き、平成26年に入ると地方創生の政策的潮流の中で国家戦略特別区域として農業特区が制定された他、地方創生コンシェルジュ制度の制定、平成26年6月には「特定農林水産物等の名称の保護に関する法律」（以下、「地理的表示法」）が制定されるなど、地域農業の発展に向けた取り組みが次々となされている。

このような状況のなか、地域における個別農業経営、およびその集合体である産地が国内外の消費者に認知されていくための戦略の構築は、今後の産地形成にとって重要な視点であるといえる。本章では知的財産制度に着目し、現状の制度を踏まえた個別農業経営、産地たる地域それぞれの戦略的なブランド活用が、産地形成にどのような影響を与えるかについて、兵庫県加古郡稲美町における取り組みを事例として考察する。

2　戦略的な知的財産制度の活用

(1) 現状の知的財産制度

現状の知的財産権は大きく2つに分類される。1つは著作権・著作隣接権など、文化の発展を目的とした分類であり、本章では触れない。もう1つは特許権、実用新案権、意匠権、商標権など、産業の発展を目的とした分類である。特許権は、特許法により、技術的に高度で産業上有用な新しい発明を出願の日から20年間保護する目的で定められた権利である。実用新案権は、実用新案法により、物品の形状・構造・組み合わせに関する考察（小発明）を出願の日から10年間保護する目的で定められた権利である。意匠権は、意匠法により、独創的で美的な外観を有する物品の形状・模様・色彩のデザインを設定登録の日から20年間保護[1]する目的で定められた権利である。商標権は、商標法により、商品・役務に使用するマーク（文字・図形・記号など）を設定登録の日から10年間保護する目的で定められた権利である。特に商標権に関しては、平成17年の法改正により、地域名と商品名からなる商標を用いた地域ブランドに関しても「地域団体商標[2]」として登録が可能となった。

これら4つの権利に加え、平成26年に新たに制定された特定農林水産物等の名称の保護に関する法律（地理的表示法）にもとづく地理的表示も、この後者の産業の発展を目的とした権利に大別できる。また、地域団体が制定する地域特有のブランド表示に関しても地域産業の発展を目的としており、後者の権利に含まれるといえる。これらの知的財産権のなかでも、個別農業経営ないし産地形成のためのブランド化に大きく寄与する権利は、特に商標権および地理的表示保護制度、および地域団体のブランド表示であるといえる。

地理的表示制度の歴史は古く、19世紀末、フランスで起こった銘柄の不正使用によるワイン危機により、消費者・生産者の双方のメリットを守るために創設されたのが始まりとされている。その後、原産地表示に関して、１８８３年のパリ条約や１８９０年のマドリッド協定などの後、１９５８年の「原産地名称の保護及び国際登録に関するリスボン協定」（リスボン協定）によってはじめて地理的表示にかかる定義がなされた。このリスボン協定による定義により、知的所有権国際事務局に登録を行うことによって、地名を含む名称の積極的保護が行われることになった。

このような経緯の下、１９９４年にはＷＴＯにおいて締結された「知的所有権の貿易関連の側面に関する協定」（ＴＲＩＰＳ協定）で改めて地理的表示の定義がなされ、積極的保護が加盟国に求められるに至っている。ＴＲＩＰＳ協定による地理的表示は「ある商品に関し、その確立した品質、社会的評価その他の特性が当該商品の地理的原産地に主として帰せられる場合において、当該商品が加盟国の領域又はその領域内の地域若しくは地方を原産地とするものであることを特定する表示」と定義されており、品質管理もしくは社会的評価が確立されていれば表示が可能となる。

このような背景から考察して、地理的表示を含む知的財産権の表示は、地域内のみならず世界市場を踏まえた販売戦略の一つとして検討される必要があるといえる。

図１　日本版GIマーク

出所：農林水産省

(2) わが国における地理的表示法の概要

地理的表示法は、「地域で育まれた伝統と特性を有する農林水産物・食品のうち、品質等の特性が産地と結び付いており、その結び付きを特定できるような名称（地理的表示）が付されているものについて、その地理的表示を知的財産として保護し、もって、生産業者の利益の増進と需要者の信頼の保護を図ることを目的」として制定された。この背景には、産地が自らマネジメントし、高度な戦略性を持って産地の価値を高めていく視点が盛り込まれている。この法律の対象となるのは地域の農林水産物およびそれらを用いた加工食品すべてである[3]。

「品質等の特性が産地と結び付いて」いるためには、対象となる産品が一定期間継続して生産されていることが必要となる。登録には①同種の商品と比べて差別化された特徴があり、②特徴ある状態で概ね25年生産された実績（伝統性）があることが必要とされる。差別化の要因としては形状や外観などの物理的な要素や糖度などの化学的な要素、酵母などの微生物学的な要素や色、食味などの官能的な要素など、多岐にわたる。こういった特性が産地・生産の方法と結びついていることが、産地の自然的条件や生産方法の特性によって矛盾なく合理的に説明できたとき、地域の名前を産品名に付し、保護制度に基づいたＧＩマーク（図１）をつけることができる。このような地理的表示保護制度は国際的に広く認知されており、１００を超える国で活用されている。

この地理的表示における地域範囲の設定は、歴史的経緯を踏まえた上で、実態に応じて行政区域に関わらず

図 2　GIマーク付与の対象食品

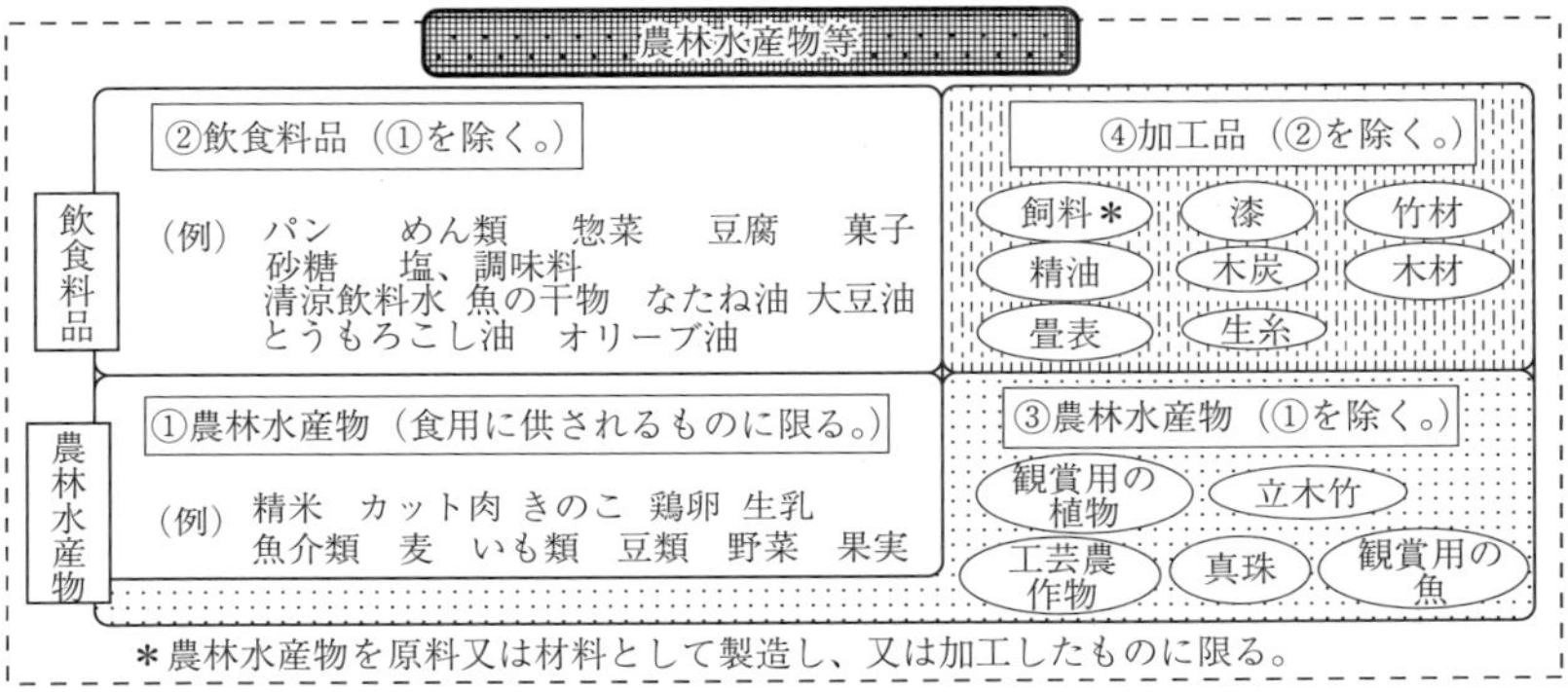

出所：農林水産省「地理的表示法のご案内」

設定が可能となっている。加工品の場合、問題となるのが原材料の生産地であるが、地理的表示保護制度においては、産地以外の原材料を用いたとしても品質特性と加工地との結び付きが生産方法等により明らかになる場合には、表示可能である。その対象範囲は図2の通りである。

地理的表示保護制度においては、登録申請自体は生産者団体(4)が産品の基準を設定して行い、農林水産大臣が登録、品質管理自体は生産者団体が行うと同時に農林水産大臣が品質管理体制をチェックする。不正使用が判明した場合には、生産者団体が直接、不正使用を行っている業者に対して訴訟他手続きを行うのではなく、農林水産大臣が取締りを行うことになる。その仕組みは図3の通りである。ここで必要となる産品の基準とは、①産品の生産地の範囲、②産品の生産方法、③産品の特性（形、味など）を指す。GIマーク取得後、生産者団体は、生産工程管理業務規程に基づいて、構成員たる生産・加工業者が上述のような基準に適合した生産を行っているかどうかの指導・検査等を実施した上で実績報告書を作成し、農林水産大臣に年1回以上、提出する必要がある。農林水産大臣は、その実績報告書の確認や定期立入検査を通じて、GIマークを付すに値す

図3　地理的表示制度の概要

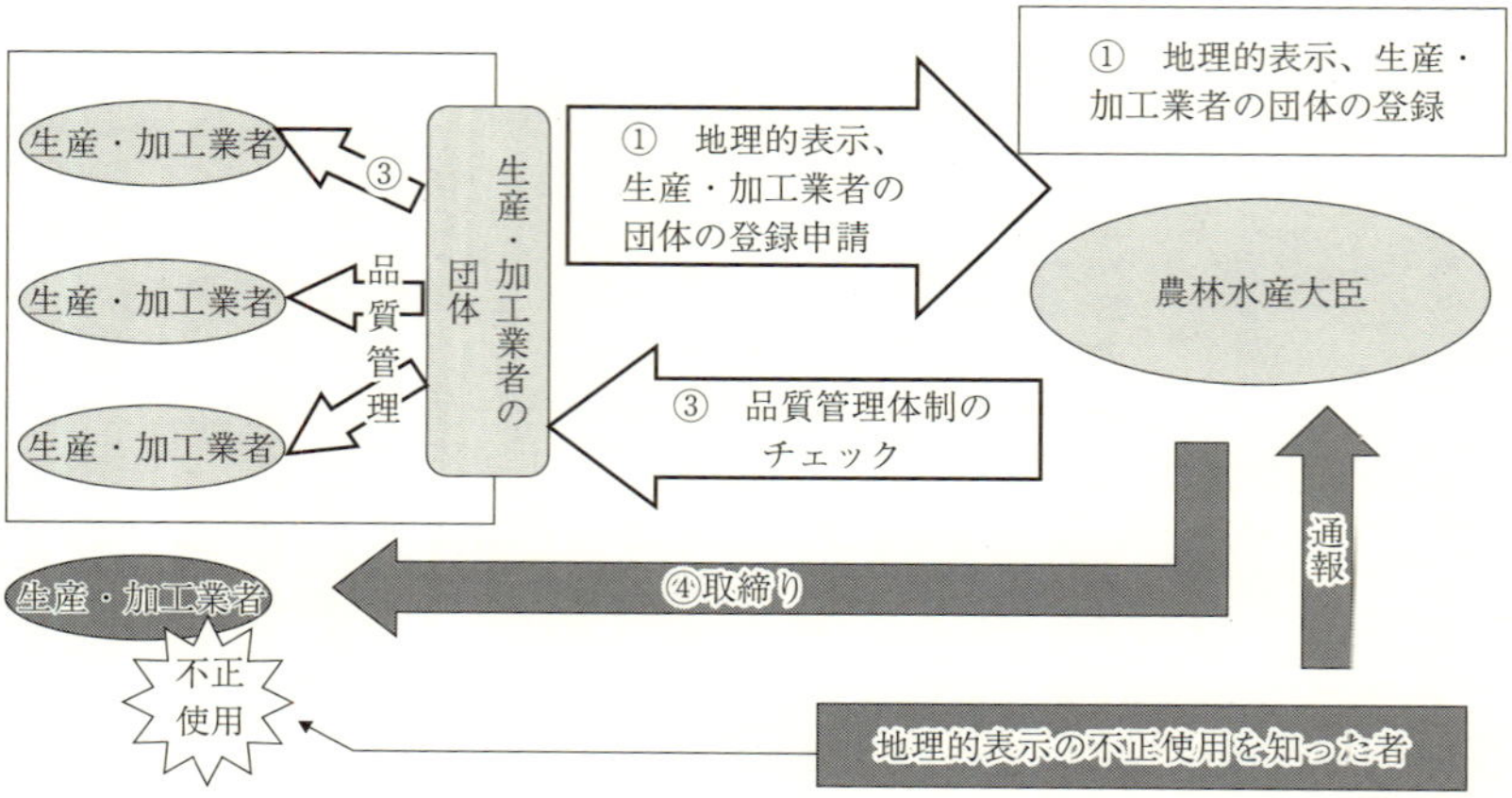

出所：農林水産省「地理的表示法について」

る生産工程管理が行われているかどうかのチェックを行うことによって、ＧＩマークの管理を行うこととなる。

(3) 地理的表示保護制度と他制度との違い

ブランドの育成として地域名を表記するに当たっては、右記のような地理的表示保護制度の活用ではなく、すでに各地域に存在している商標法によるブランド名（地域団体商標制度）を活用することも考えられる。それぞれによって、どのような違いがあり、どのように使い分け・組み合わせを行うかによっても、産地としての生産体制およびブランド育成の方向性が変わると考えられる。農水省がまとめる地理的表示保護制度と地域団体商標制度との違いは表1の通りとなる。

わが国においては、地理的表示保護制度においても、品質管理および社会的評価の双方を確立する必要があり、知的財産権としては厳しい制度となっている可能性がある。特に、地理的表示保護制度を活用した場合、産地として組織だった生産が可能となるが、それがゆえに、産地としての生産者の囲い込みにつながる可能性も否めない。つまり、産地としての戦略と、個別農業経営としての戦略との切り分けが必要と

表 1　地理的表示保護制度と地域団体商標制度との違い

	地理的表示保護制度	地域団体商標制度
目的	高付加価値を持つ農林水産物・食品等が差別化されて市場に流通することを通じて、生産者と受給者の両方の利益を保護する	地域ブランドの名称を適切に保護することにより、事業者の信用の維持を図り、産業競争力の強化と経済の活性化を支援する
対象	農林水産物、飲食料品等（酒類等を除く）	全ての商品・サービス
申請主体	生産・加工業者の団体 法人格を有しない地域のブランド協議会等も可能	事業協同組合等の特定の組合、商工会、商工会議所、NPO に限る
名称における地名の有無	地域を特定できれば、地名を冠する必要がない	地名を冠する必要がある
産地との関係	品質等の特性が当該地域と結びついている必要がある	当該地域で生産されていれば足りる
ブランド化の程度	伝統性 一定期間継続して生産している	周知性 一定の需要者（近県等）に知られている
品質等の基準	産地と結び付いた品質の基準を定め、登録・公開する必要がある	制度上の規定はなく、権利者が任意で対応する
登録の明示方法	GI マークを付す必要がある	登録商標である旨の表示を付すよう努める
規制手段	不正使用は国が取り締まる	不正使用は商標権者自らが対応（差止請求等）
不正表示による損害	GI 制度に基づいた金銭的な回収はできないが、他の制度等を利用し、自ら対応すれば金銭的な回収ができる	損害賠償請求権に基づき自ら対応すれば金銭的な回収ができる
権利付与	権利ではなく、地域共有の財産となり、品質基準を満たせば、地域内の生産者は誰でも名称を使用可能	名称を独占して使用する権利を取得
保護の期間	取り消されない限り権利が存続（更新手続・費用はかからない）	登録から 10 年間（継続するためには更新手続き・費用が必要）
海外での保護	地理的表示保護制度を持つ国との間で相互保護が実現した際には、当該国においても保護される	各国に個別に登録を行う必要がある

出所：農林水産省「地理的表示活用ガイドライン」

なり、それぞれの表示制度の違いを理解した上での活用が求められるといえる。また、このような表示制度に加え、地域独自で設定している地域ブランドも存在する。実際に知的財産権を戦略として活用することを考える場合、知的財産としてどのような表示制度を選択することが個別農業経営および地域の発展に寄与するかを考察する必要がある。以下、兵庫県稲美町の事例をもとに考察する。

3 稲美ブランドにみる知的財産制度活用の戦略

(1) 稲美町の歴史と現状

兵庫県の稲美町はほぼ全域が平坦で、瀬戸内気候に属する温暖な気候であるため、どのような品目でも比較的栽培しやすく、神戸市をはじめとする阪神地域の消費を支える農業が基幹産業である地域である。恵まれた地形・気候である一方、農業生産・生活のための水源の確保のため、古くよりため池が造成され、町域の10・7％を占めるほどになっている。このため池と水路、水田とで構成される集落の風景は「いなみ野ため池群」として文化的景観を生み出し、水源涵養だけでなく自然環境、良好な景観など、多面的な機能を発揮している（写真1）。

「稲美町」という地名の通り、地域の基幹作目は水稲であるが、温暖な気候を活かし、果樹の栽培が盛んな地域であった。明治13年には官営葡萄農園として播州葡萄園が開園され、日本最古の国営ワイナリーが存在していた。また、スイカの産地であったと言われ、スイカを生産するために必要となる麦の生産も古くから行われていたが、スイカ生産がすたれるとともに麦生産だけが残ったとされている。稲美町では昭和58年に営農組

写真１　農業生産、生活を支えるため池

写真２　確立された栽培技術で生産される麦

合の取り組みとして大豆と小麦の栽培を実験的に始めたのが本格的な麦栽培の始まりであり、その後、地域状況に最も適している大麦に照準を合わせ、平成６年には麦栽培技術を確立した。当時の栽培面積は50ヘクタルほどであったものが、現在では３００ヘクタル規模にまで拡大するに至っている（写真２）。このように現在も麦は地域の特産品となっており、地元産の大麦を使用した麦茶製造を希望する声も後押しして、栽培・乾燥施設を整備した。現在では西日本各地の麦茶製造業者へ出荷するとともに、六次産業化の一環として地元ＪＡ名での販売も行っている。

平成22年度の農林業センサスによると、稲美町の総面積３４９６ヘクタルに対して農地面積が１３８２ヘクタル（田１３５０ヘクタル、畑26ヘクタル、果樹地６ヘクタル）、総経営耕地面積が１３２４ヘクタルとなっている。この総経営耕地面積は平成17年と比べると１２２ヘクタル、10・１％増加しており、全国の総経営耕地面積が３６０万８４２８ヘクタルから３３５万３６１９ヘクタルへと７・１％近く減少していることと比べると、農業振興が図られている地域であるといえる。経営体戸数は１８６８戸、うち約１割が専業農家となっている。地域の総経営耕地面積は増加する一方で、総農家戸数は減少しており、この原因には兼業農家の離農が大きく関与している。

写真３　ブランド化されたキャベツ、トマト（稲美町）

(2) 稲美町の特産品とブランド認定

稲美町の特産品は前述の六条大麦の他、トマト、イチゴ、メロン、花卉、キャベツ、白菜、ブロッコリー、スイートコーン、桃、ほうれん草、キュウリ、シイタケがあげられる。こういった特産品のなかでも優良な農産物や加工品計16種類、8品目は「稲美ブランド」として町に認証されている（写真3）。16品目は表2の通りとなっている。

稲美ブランドは平成17年4月より稲美ブランドの認証要綱・規定を定め、ブランド振興および産地振興を図ってきた（写真4）。町内で生産、加工、製造される優良な農産物等を町が「稲美ブランド」として認証することによって、農商工業者の育成と生産意欲の向上を目指すとともに、特産品としての情報発信を積極的に推進することによって町の産業振興を図ることがブランド認証の趣旨となっている。その認証基準としては3項目がある。１つ目としては稲美町のアピールにつながることが挙げられ、農産物、畜産物は町内で生産、飼育されていること、加工品は主原料が町内産であること、これらの産品に対する産地表示によって町内産のＰＲにつながることとされている。２つ目の要件としては、生産者が商品にこだわっていることが挙げられており、品質、鮮度の面において優れていること、形状、色、デザイン、出荷時期、生産技術、素材の厳選などにおいて独自の取り組みが見ら

表 2　稲美ブランド一覧

	品名	生産者	特徴
農産物	万葉の香（米）	JA 兵庫南 見谷・北山営農組合	稲美町産米（コシヒカリ） 牛ふん堆肥を使用
	いなみトマト	稲美町ハウス園芸組合トマト部会	減農薬
	いなみ野メロン	JA 兵庫南メロン部会	減農薬、一本一果栽培 糖度 13% 以上のみ出荷
	桃	草谷　Y 氏	年間 4000kg 生産 防虫ネット栽培で農薬を削減
	キャベツ	JA 兵庫南稲美キャベツ部会	有機肥料、農薬散布の軽減
	白菜	JA 兵庫南はくさい部会	有機肥料、農薬散布の軽減
	ブロッコリー	JA 兵庫南稲美ブロッコリー部会	有機肥料、農薬散布の軽減
	スイートコーン	JA 兵庫南スイートコーン部会	有機肥料、農薬散布の軽減
加工品	米パン	いなみマイマイ工房（JA 女性会）	稲美町産ヒノヒカリ 100% の米粉使用
	たべてみそ（味噌）	いなみマイマイ工房（JA 女性会）	稲美町産米・大豆を使用
	豆舞（充てん豆腐）	いなみマイマイ工房（JA 女性会）	稲美町産大豆を使用 深層海洋水によるにがりを使用
	純米酒 はりま夢枕	加古川酒販協同組合	風土にあった独自の地酒
	純米酒 いなみの大地に夢を馳せ	井澤本家合名会社	蔵元産米 100% 使用
	純米吟醸 大地讃頌	井澤本家合名会社	蔵元産米 100% 使用
	身土不二 純米酒倭小槌	井澤本家合名会社	稲美町産米 100% 使用
	本醸造 万葉の香倭小槌	井澤本家合名会社	稲美町産米 100% 使用

出所：稲美町

写真 4　稲美ブランド認証マーク

れることとされている。最後に、消費者に信頼されることが要件として挙げられており、ＪＡＳ法や食品衛生法など関係法令の表示基準を順守していること、人や自然に配慮した生産が行われていること、消費者からの苦情や要望などに的確に応じられることが求められている。稲美ブランドでは認証期間が2年となっているが、再申請可能であり、再申請時点での必要な評価として、すでに販売されており、消費者の反応が良好であることが求められる。

こういった地域ごとに存在する、地域が定めるブランドは、地理的表示保護制度によるブランド育成と、地域団体商標の設定によるブランド育成との中間的な役割を果たしていると考えられる。つまり、趣旨としては生産者のための産業振興策であり、地域内での生産量の拡大、一定程度の地理的限定性を持ったブランドの周知を目的とする上においては、各生産団体個別による地域団体商標件の設定と変わりないが、不正使用時の利用権の差止等、そのブランド名に対して責任を持ち、維持を図っていくのは生産団体ではなく地域が担っている点に関しては、地理的表示保護制度と同じシステムとなっているといえる。

稲美ブランドと地理的表示保護制度、地域団体商標制度との相違点の比較を進める。稲美ブランドとは、町内において生産、収穫されたものまたはそれを原料として加工・製造され、販売実績等のある農産物のことであり、商品へのこだわり、信頼性、販売実績等の項目において、認証基準に適合すると認証されたもののことであることは、地理的表示保護制度と相違ない。稲美ブランドの認証を申請できるのは、農産物等を町内で生産していること、または町内産の原料を使って製造、加工するものであり、こちらも地理的表示制度・地域団体商標と相違ないといえる。

一方、品質に関しては、地理的表示保護制度と稲美ブランドでは基準の策定・登録・公開と審査という方法の違いはあれど、品質を保証するシステムが存在するが、地域団体商標制度では登録団体の品質管理に任されている。つまり、地域団体商標を活用する場合、統一品質の管理機構がないため、同一商標でも品質が安定しない可能性が高いが、地理的表示保護制度と稲美ブランドでは一定の品質を保つことができるといえる。ただ、品質の安定化が図れる一方で、稲美ブランドの場合、品質レベルが変わる場合においても、それぞれのレベルでの個別の認証登録が必要となるが、地理的表示保護制度の場合、登録された統一基準のなかで個別基準を設けることができ、高品質のものをさらにサブブランド化して団体内での生産者のすみわけを行うことができるという相違点がある。

表示の不正使用に対する対応についても差異がみられる。地域団体商標制度では、表示違反があった場合、自ら対応する必要があるが、地理的表示保護制度では国が取り締まるため、登録団体の負担は小さい。稲美ブランドの場合、町長が違反への中止を命じることができることとなっており、最高責任者の管轄の下にあるという点においては、地理的表示保護制度とシステムを同じくしているといえる。

加えて、地理的表示保護制度には認証の有効期限がないが、地域団体商標の場合は一般の商標権と同じく登録から10年、稲美ブランドは認証された日から2年間という認証の有効期限が存在する。地域団体商標でも稲美ブランドでも有効期限後には継続手続きが必要となるが、地域団体商標の場合、追加費用が必要となるのに対し、稲美ブランドでは費用は必要ないものの、認知度などにより再審査が必要となる。また、地理的表示保護制度の場合、認証された場合には自主的にGIマークを表示するものとしているが、稲美ブランドの場合、当初は町が大小2種類の認証シールを作成し、生産者への配布を行っている。(5) これらの相違点を表3にまとめた。

表 3　稲美ブランドと他制度との相違点

	地理的表示保護制度	稲美ブランド認証制度	地域団体商標制度
目的	高付加価値を持つ農林水産物・食品等が差別化されて市場に流通することを通じて、生産者と受給者の両方の利益を保護する	地域ブランドとして特産品を認証することで、地域の農商工業者の育成と生産意欲の向上、積極的な情報発信による産業振興を図る	地域ブランドの名称を適切に保護することにより、事業者の信用の維持を図り、産業競争力の強化と経済の活性化を支援する
対象	農林水産物、飲食料品等（酒類等を除く）	地域内で生産・加工された農産物、加工品	全ての商品・サービス
申請主体	生産・加工業者の団体 法人格を有しない地域のブランド協議会等も可能	町内の生産・加工業者	事業協同組合等の特定の組合、商工会、商工会議所、NPO に限る
名称における地名の有無	地域を特定できれば、地名を冠する必要がない	地名は必然的に冠される	地名を冠する必要がある
産地との関係	品質等の特性が当該地域と結びついている必要がある	稲美町で生産されている必要	当該地域で生産されていれば足りる
ブランド化の程度	伝統性 一定期間継続して生産している	周知性 こだわり、信頼性、販売実績等で需要者に知られている	周知性 一定の需要者（近県等）に知られている
品質等の基準	産地と結び付いた品質の基準を定め、登録・公開する必要がある	認証委員会による、認証基準に基づいた審査が必要	制度上の規定はなく、権利者が任意で対応する
登録の明示方法	GI マークを付す必要がある	稲美ブランドシールを付す、もしくはブランドマークを付すことが可能	登録商標である旨の表示を付すよう努める
規制手段	不正使用は国が取り締まる	不正使用は町長および認証委員会が取り締まる	不正使用は商標権者自らが対応（差止請求等）
不正表示による損害	GI 制度に基づいた金銭的な回収はできないが、他の制度等を利用し、自ら対応すれば金銭的な回収ができる	認証書の交付を受けた者がその責務を負い、他の制度等を利用して自ら対応すれば金銭的な回収は可能	損害賠償請求権に基づき自ら対応すれば金銭的な回収ができる
権利付与	権利ではなく、地域共有の財産となり、品質基準を満たせば、地域内の生産者は誰でも名称を使用可能	認証書の交付を受けた者が地域内生産者・加工業者との適正な使用を管理する権利を持つ	名称を独占して使用する権利を取得
保護の期間	取り消されない限り権利が存続（更新手続・費用はかからない）	認証された日から 2 年間（継続には更新手続きが必要であり、消費者の反応が良好であることも再申請時点で加味される）	登録から 10 年間（継続するためには更新手続・費用が必要）
海外での保護	地理的表示保護制度を持つ国との間で相互保護が実現した際には、当該国においても保護される	他制度を活用する必要がある	各国に個別に登録を行う必要がある

出所：筆者作成

第Ⅱ部

4 販売戦略としての表示制度の活用と生産者との関係性

前節では現状の知的財産保護制度の相違点を確認した。現状、地域を戦略の核とするさまざまな表示制度が存在しているなか、どのような表示制度を活用していくことが地域経済・個別農業経営にとって有効であるかを考察する。この検討に当たり、次の3点が重要になるといえる。すなわち、①誰が主体となって表示制度を活用するか、②表示によって伝えようとする産地の魅力は何か、③どこに向けて表示内容を発信するか、の3点である。

はじめに「①誰が主体となって表示制度を活用するか」については、まず地域経済の発展を優先させた上で個別農業経営の発展につなげるか、担い手たる個別農業経営の発展を元に産地の発展につなげるかによって、活用する表示制度が異なるといえる。まず地域経済の発展を優先させる場合、取り組み主体としてはJAや表示産地の地方公共団体が期待される。これらの団体が主体として知的財産の活用を模索した場合、産地の状況を把握しているため、取組主体の想定や統一基準の策定が容易であるといえる。この一方で、JAや地方公共団体は推進主体であり、取組主体ではないため、知的財産権としてのブランド名を活用していくメリットを取組主体に伝達していくための組織が必要となる。

一方、個別農業経営が自らの発展を基礎に、地域の農業経営者を巻き込んだブランド化や知的財産権の取得を模索した場合、個別農業経営が産地内でリーダーとしての役割を果たしていることが産地を発展させていくための前提となる。知的財産として産地名を利用しようとする場合、産地内でのコンセンサスを得ることが前提となるだけでなく、知的財産権の取得によって得られる利益をどのように配分するかの規定も求められる。このため、地域関係者を巻き込んだ新団体の設立が求められる。

しかし、個別農業経営が知的財産として表示制度を活用する場合も考えられ、この場合に活用できる表示制度は現状、稲美ブランドに代表される地域ブランドのみといえる。ここに現状の知的財産としての表示制度の活用における大きな違いがある。つまり、地理的表示保護制度や地域団体商標制度のように、地域の農業生産者・加工業者をまとめ、産地としての表示のみとするか、稲美ブランドのように、部会による団体としての表示も可能である一方で、産地内における個別の農業生産者・加工業者の認定も可能であり、個別の表示も可能とするかの違いである。前者は産地の発展を優先させる場合、後者は個別農業経営の発展を優先させる場合と大別できる。つまり、これは産地としての組織戦略の問題に通じる。

次に「②表示によって伝えようとする産地の魅力」は、産地の伝統性、結束度を示すと考えられる。これはすなわち産地が醸成してきた価値、ないし今後醸成が可能な価値であり、その価値を産地名を通して伝えていくものであるといえる。このため、知的財産として表示制度を活用する際には、産地として生産年数、土地の特性との関わり、一般消費者からの認知度などの特性を洗い出した上で、産地としての価値の構築を行う必要がある。また、これらの特性を洗い出した上で価値付けをする際に、地域内の農業者の生産状況との関連付けも必要であるといえる。地域内のどの農業生産者・加工業者が生産を行っても均質のものが作られるのであれば、表示制度の活用による質の維持が可能であるといえるが、熟練の生産者と新規の生産者との間などにおいて質の差が見られる場合には、生産管理・品質管理上での差別化を行い、棲み分けを行う局面が出てくることも考えられる。

地理的表示保護制度においては、産地としての伝統と土地との関わりを関連付ける必要があるため、それが可能な場合には活用が可能であるが、そうでない場合には活用が難しい。また、知的財産として表示制度を活用するには、地域内での生産管理・品質管理を行うことができる組織体制を作った上での申請が前提となるが、稲美ブランドなどの地域ブランドに関しては個別経営としての登録申請が可能であり、地域内の農業経営者が行う生産管理・品質管理体制へのある種のバックアップとしての表示制度であると考えられる。つまりこれは、産地として表示を行う場合には、どの生産者・加工業者とサプライチェーンを構築するか、個別農業経営として表示を行う場合には、ブランド価値を高めるためのサプライチェーンをどのように構築するかといった、購買戦略の問題となる。

最後に「③どこに向けて発信するか」は、知的財産権をどのように活用するかに大いに関係する。すなわち、農産物・加工品をどのターゲットに向けて販売しようとするか、その上でどのように表示マークを活用するかということである。地理的表示保護制度の場合は、その保護対象地域が世界に及び得るため、表示することによって世界市場への販売も有利となるが、地域団体商標の場合、その保護対象が国内に限られるため、海外への販売を行う際には別の表示制度を活用する必要がある。

つまり、知的財産としてのどの表示制度を活用するかは、販売戦略につながるといえる。地域ブランドの場合も地域団体商標と同じであるといえるが、一般消費者への認知度で考えると、地域団体商標よりも狭い範囲になるといえる。こういった販売戦略は生産量にも影響を受けるため、①、②の戦略と兼ね合わせて考える必要がある。

農業においても知的財産権の活用が注目を集めている昨今、知的財産権としての表示制度の活用は、上述の通り、産地としての組織戦略・購買戦略・販売戦略はもとより、その産地内で生産を行う農業生産者にとっても経営判断上の重要な要因となるといえる。今後、個別の経営者が知的財産として商標権を獲得していくなどの動きも見られるようになるだろう。その際に、産地としての歴史・生産品目・生産規模だけでなく、地域内の農業者の経営発展につながる表示制度の活用が望まれる。

注

（1）平成19年4月の登録までは15年間の保護。

（2）地域団体商標は、①地域の名称と商品（サービス、食品に限らない）の名称等からなる商標について、②地域に根差した団体が③構成員に使用させるための商標であり、④広く知られていることが要件となっている。権利者となることができるのは、法律に基づき設立された組合や商工会、NPO法人などであり、国内のみで財産権として保護される。

（3）ただし、酒類、医薬品、医薬部外品、化粧品および再生医療等製品は除かれる。酒類については「酒税の保全及び酒類業組合等に関する法律」のなかで「地理的表示に関する表示基準」が定められており、保護がなされている。また、非食用の農林水産物等は、個別に政令で指定されている。

（4）ここでの生産者団体とは、生産者・加工業者を構成員とする団体のこと。法人格でなくても良い。ただし、生産者・加工業者が自ら申請することはできない。

（5）町として認証シールを作成し、配布する体制はあるものの、現状では大半の認証団体が、生産工程上の簡略化のために、直接、外装フィルムや箱などの包装資材等に印刷するなどの対応が見られる。現在では、町は認証シールの作成を行っていない。

参考文献

農林水産省「地理的表示保護制度の御案内」（ウェブサイト）

農林水産省「地理的表示法について――特定農林水産物等の名称の保護に関する法律」（ウェブサイト）

農林水産省「地理的表示活用ガイドライン～地理的表示保護制度を活用した地域ぐるみの産地活性化～農林水産省」農林水産省監修地理的表示活用検討委員会

あとがき

本書は京都大学大学院農学研究科に設置された寄附講座『「農林中央金庫」次世代を担う農企業戦略論講座』の2014年度の研究調査活動の成果を中心にまとめたものである。本書をシリーズ「農業経営の未来戦略」で最初に読まれた方は、シリーズ前2巻で寄附講座の設置経緯、「農企業」をめぐる研究課題とこれまでの活動を紹介しているので、ぜひそちらも参照されたい。当寄附講座は同研究科生物資源経済学専攻に設置された2012年4月から、3年の期限で研究、教育、普及活動を進めてきた。前巻『躍動する「農企業」』の「おわりに」で寄附講座3年目は「成熟した実を刈り取る」年と述べたように、2014年度は講座として目指してきた成果をとりまとめる年となる。本書にまとめられた成果がその期待に十分に応えたかは読者の判断にゆだねるが、ここでは寄附講座3年目の活動概要を紹介しておきたい。

まず「研究」活動においては、前2年間と同様、「現場に軸足を置く」研究姿勢をもって多くの農業生産現場に足を運んだ。2014年度のテーマとして産地の再編をとりあげ、和歌山、大分はじめ西日本の果樹産地を中心に現地調査を実施した。その多くが、前年度までと同様、農林中金総合研究所との共同研究の一環として実施されたものである。その成果と過去の諸産地論を踏まえて未来の産地のあり方を論じたのが本書第1章であり、訪問した産地の関係者を招き開催した寄附講座シンポジウムのパネルディスカッションの議論が第4章である。他の調査からも多くの情報、示唆を得たが、分析途上ということもあり、今後その成果の公表を進めていくので、期待されたい。

「教育」活動としては、前2年間と同様、学部科目「農業経営の未来戦略」、大学院科目「次世代型農業の統治と経営」を担当し、寄附講座の研究活動成果を交えながら、次世代・未来の日本農業のあり方を議論した。

特に当該学部科目は「大学コンソーシアム京都」提供科目として京都の他大学の学生が履修できることもあり、本学の他学部の学生とあわせて幅広い学生が集まり、農業に関する興味の高さが伺われた。また、農林中金総合研究所から外部講師を招き、農業経営にきわめて重要な役割を果たす農業協同組合や農業金融など学生にとって日頃触れることの少ない実務的な話題も提供できたことで、興味深い講義となったと考えている。今後も外部講師のお力もお借りしながら新しい知見を取り込み、さらに農業についての学生の学習意欲や知的好奇心を刺激する講義を提供していきたい。

「普及」活動では、寄附講座初年度から年2回開催してきたシンポジウムを、２０１４年6月14日（通算第5回）および12月６日（通算第6回）に、２０１４年度の寄附講座の研究テーマ「産地の再編」を念頭に、「甦れ産地、立ち上がれ農企業」と題して開催した。研究者による基調報告とあわせ、先進的農業経営に取り組む生産者、農協関係者、行政関係者などを招いてパネルディスカッションを開き、学生をはじめとする聴衆に「現場の声」を届け、質疑応答を通じて参加者との相互理解を図った。近年の大学教育では、このような「現場の声」を学生に聞いてもらう機会は希少で、学習面での効果は非常に高いと期待しており、今後もこうした機会を積極的に設けていきたいと考えている。

このような多種多様な活動を進めてこられたのは、いうまでもなく、寄付者の農林中央金庫、研究協力を継続している農林中金総合研究所、農業政策・制度に関する貴重な情報を提供してくださる近畿農政局はじめ行政関係者、非常に多忙な中、我々の調査のため貴重な時間を割いてくださる生産者やＪＡ関係者など、多くの方々のご支援があってのことである。紙幅の都合上、個別にお名前をあげて謝意をあらわすことができないが、ご支援を賜わった関係者の皆様に心からお礼を申し上げたい。

以上が、３年間の寄附講座の最終年の活動報告であるが、文中の「今後も」という文言をいぶかしむ向きがあるかもしれない。非常にありがたいことに、農林中央金庫のご支援により、寄附講座『「農林中央金庫」次世代を担う農企業戦略論』は、引き続き研究、教育、普及活動を継続していくこととなった。寄付者ならびに多くの方々のご支援に改めて感謝するとともに、この3年目に「刈り取った実」から得た種子を再びまいて成果をあげ、より多くの人に向けて次世代・未来の農業づくりに貢献したいと考えている。皆様のさらなるご支援とご指導をお願いする次第である。

2015年8月
京都大学大学院農学研究科生物資源経済学専攻
寄附講座『「農林中央金庫」次世代を担う農企業戦略論』
特定准教授

坂本　清彦

◇◆編著者◆◇

小田　滋晃（おだ　しげあき）

京都大学大学院農学研究科教授
1954年生まれ。1984年より大阪府立大学農学部助手を経て、1993年京都大学農学部附属農業簿記研究施設講師、助教授、2004年より現職。専門は、農業経済学、農業経営学、農業会計学、農業情報学。農業生産の現場に軸足を置きつつ、農業及び農業関連産業における「ヒト、モノ、農地、カネ」の関係や有り様をアグリ・フード産業クラスター、六次産業化や農商工連携をキーワードにして研究を行っている。『農業におけるキャリア・アプローチ』（農林統計協会）、『ワインビジネス――ブドウ畑から食卓までつなぐグローバル戦略―』（監訳、昭和堂）、『農業経営支援の課題と展望』（養賢堂）、「アグリ・フードビジネスの展開と地域連携」『農業と経済』（昭和堂）第78巻第2号など多数。

坂本　清彦（さかもと　きよひこ）

京都大学大学院農学研究科特定准教授
1970年生まれ。千葉大学園芸学部卒業後、青年海外協力隊員、農林水産省職員を経て、米国ケンタッキー大学でPh.D.（社会学）取得。同大学非常勤講師などを経て、2014年4月より現職。専門は農業社会学、農村開発。主な著書に、「TPP交渉参加国の植物衛生検疫措置――紛争事例や地域主義を題材に」（『農業と経済』79巻9号、2014年）など。

川﨑　訓昭（かわさき　のりあき）

京都大学大学院農学研究科特定助教
1981年生まれ。京都大学農学部卒業、京都大学大学院農学研究科博士後期課程研究指導認定。2012年より現職。専門は、農業経営学、産業組織論。主な著書は『農業におけるキャリア・アプローチ（日本農業経営年報第7巻）』（農林統計協会、2009年）。『農業構造変動の地域分析』（農山漁村文化協会、2012年）。

◇◆執筆者◆◇（章順）

長谷　祐（ながたに　たすく）

京都大学大学院農学研究科研修員
1985年生まれ。京都大学農学部卒業、京都大学大学院農学研究科博士後期課程研究指導認定。日本学術振興会特別研究員DCを経て、2015年より現職。主な著書は『農業におけるキャリア・アプローチ（日本農業経営年報第7巻）』（農林統計協会、2009年）。『ワインビジネス』（共訳、昭和堂、2010年）。

尾高　恵美（おだか　めぐみ）

株式会社農林中金総合研究所 主任研究員
1972 年生まれ。2000 年に（株）農林中金総合研究所入社。農協のビジネスモデルや経営分析を中心に調査研究を行っている。
主な論文に、「農協生産部会に関する環境変化と再編方向」『農林金融』第 61 巻第 5 号、「JA グループにおける農産物販売力強化の取組み」『農林金融』第 65 巻第 4 号 など。

若林　剛志（わかばやし　たけし）

株式会社農林中金総合研究所 主事研究員
日本学術振興会特別研究員を経て、2005 年より現職。専門は、農業経済学。
業績に、『新規就農を支える地域の実践～地域農業を担う人材の育成～』（農林統計出版）、「農村住民の舎飼養鶏への意向：カンボジア南部での調査結果にみる現状と今後の研究課題」（『農林水産政策研究』第 22 巻）「稲の品種選択要因に関する再考察：カンボジア南部天水田地域を対象として」（『農業経営研究』第 53 巻第 2 号）など。

瀬津　孝（せつ　たかし）

一般社団法人農業開発研修センター常務理事・主席研究員
1953 年滋賀県生まれ。京都大学法学部卒業、京都大学大学院農学研究科博士課程修了。京都大学博士（農学）。滋賀県農協中央会を経て、2015 年より現職。
主な著書に『農協運動の展開方向を問う――21 世紀を見据えて』、『協同組合のコーポレート・ガバナンス』（いずれも家の光協会）、『農協の存在意義と新しい展開方向』（昭和堂）など。

戸川　律子（とがわ　りっこ）

大阪府立大学客員研究員
1968 年生まれ。フランス高等師範学校日仏共同博士課程を経て、大阪府立大学博士課程単位取得退学。非常勤講師を経て 2013 年より現職。主な著書は、「フランスの小学校における食育」（『BERD』No.15、2009 年）、「マクガバン・レポートと日本における食の「近代化」の内発的契機」（『人文学論集』30、2012 年）、「ユネスコ無形文化遺産登録が果たす役割についての日仏比較」（『フードシステム研究』21（3）、2014 年）など。

久保田　哲史（くぼた　てつふみ）

農研機構北海道農業研究センター上席研究員
1965年生まれ。島根大学大学院農学研究科修了、1990年より九州農業試験場研究員、経営管理研究室長を経て、2007年より現職。専門は、農業経営学。飼料生産の実態調査に基づき、TMRセンターやコントラクター、耕畜連携、国産濃厚飼料等をキーワードとして、大規模で低コストな飼料生産の計画モデル策定に関する研究を行っている。『地域資源活用による農村振興』（農林統計出版）『激変に備える農業経営マネジメント』（北海道協同組合通信社・ニューカントリー編集部）など。

伊庭　治彦（いば　はるひこ）

京都大学大学院農学研究科准教授
全農札幌支所、滋賀県農業改良普及員、京都大学助手、神戸大学准教授を経て現職。著書に『地域農業組織の新たな展開と組織管理』（農林統計協会、2005年）など。

上西　良廣（うえにし　よしひろ）

京都大学大学院農学研究科博士後期課程
1989年生まれ。京都大学農学部、京都大学大学院農学研究科修士課程を修了。農法や栽培方法の普及に焦点を当てて研究を行っている。著書に「多様な主体がとりくむ環境保全型農業と地域ブランド米の展開——兵庫県豊岡市の「コウノトリ育むお米」を事例に」（『躍動する「農企業」』昭和堂、2014年）。

木原　奈穂子（きはら　なほこ）

日本テクノロジーソリューション株式会社・社長付
1981年生まれ。京都大学大学院農学研究科修士課程修了後、現職にて勤務。2013年より京都大学大学院農学研究科博士課程に在学中。現職による実践も踏まえながら、六次産業化や農商工連携を研究対象として、会計的側面から農業経営支援や戦略的農業経営に関する研究を行っている。

任意出荷組合

法人として法制度上の主体に位置づけられていない出荷組合。出荷組合とは、農産物や畜産物を農家などが共同で出荷することで、農産物を集約し、規格に基づき選別して有利に販売するための組織である。選別、包装、荷造り、代金決算の全部または一部の機能を果たしている。

農協の部会

農畜産物の品種・品目ごとに組織される生産者組織。加入した部会員は部会が奨励する品種の栽培、部会が定める農薬の安全使用基準の遵守、使用した農薬・肥料・飼料その他資材に関する記録の保管などを行う。また、技術向上や情報共有を目的とした活動をはじめ、販売促進活動なども行う。

農企業

わが国農業を実質的かつ健全に担う農業経営体を表す総称概念。

具体的には、伝統的な意味での家族農業経営体から集落営農に代表される組織農業経営体、先進的と目される企業的農業経営体など様々な経営形態をもつ多様な農業経営体が含まれる。こうした「農企業」に総称される経営体は、農地を中心とした地域内の農業生産諸資源を次世代に引き継ぐ役割も担っている。

農協共選・共販

農協を中心として、選別・荷作り・販売を共同で行うこと。共同選別、共同販売によって、産地としての銘柄を形成することができる。農家がそれぞれに行っていた農産物収穫後の作業を、共同出資し機械化整備した施設などで一元的に行うことで、時間と労力の効率化を図る。その結果として生じた余剰時間を生産面積の拡大や、農産物の栽培管理、担い手の育成などにあてることが出来る。また、均質で高品質な農産物を揃えられるなどのメリットがある。計画出荷を通じた交渉力の強化や、複数品目での産地銘柄の共用など、個別経営体が単独では得られない利益を得ることが出来る。一方で、栽培方針や規格など参加農家どうしでの利害調整の必要性も生じる。

異種協同組合間協同

異なる協同組合どうしで連携することによって、それぞれの組合員に効果的にサービスを提供する協同組合のネットワークをつくること。1966年に国際協同組合同盟（International Co-operative Alliance）で採択された協同組合原則の第6原則（Co-operation among Co-operatives）によって初めて明記された。日本での代表的な取り組みとして、生産者協同組合と消費者協同組合との協同である「産直」活動が見られる。

プール計算方式

ある一定期間内にJAに出荷された農畜産物に関して、販売経路に関わらず収益を全体で集計し、出荷量に応じて生産者に分配をすること。共同計算とも言われる。プール計算は出荷規格ごとに行われるため、共選による品質の同質性の保証が重要である。

飼料用米

豚や鶏など家畜用のエサとなる米。主食用米の需給調整を目的とした転作作物の一つである。かつて飼料の中心はトウモロコシであったが、バイオ燃料としての需要が高まったことで、トウモロコシと代替する飼料として飼料用米が注目されるようになった。2008年度から生産者への助成が開始された。

MA米

1993年のGATT・ウルグアイラウンドにおいて、国内消費量の一定割合を最低限の輸入機会として、その割合を段階的に増やすミニマムアクセス（MA）が盛り込まれた。このMAによって輸入される米のことをMA米という。日本は当初、米の関税化をしない代わりにMA米の輸入数量を上乗せしていたが、1999年に関税化に移行した。

備蓄米

1993年の米の大凶作で、国内の米が不足し海外から大量に輸入するという事態に陥った。この経験をふまえ、1995年度から凶作や天災などの不測の事態に備えて政府が蓄えている米のこと。1994年制定の食糧法（正式名称：主要食糧の需給及び価格の安定に関する法律）で条項として定められた。

産業クラスター

ある特定の分野に属し、相互に関連した企業と組織・研究機関等も含み地理的に近接した集団のこと。農業に関する産業クラスターは、その高度化の程度によりさまざまな形態がとられているが、多くの場合、農業経営体、農産物加工品を製造する企業、専門的な投入資源・部品・機器・サービスの供給業者、金融機関、公的な研究機関といった要素で構成される。

リーディング・ファーム

新たな栽培技術・機械・サービスの導入・利用や、地域内の農業経営体の統括により地域農業を牽引している農業経営体。このような経営体は、人材育成、農業技術の普及、地域の雇用創出、六次産業化事業の主導などにより地域経済を活性化するとともに、地域内の農業生産に関する諸資源の維持・保全を図っている。

コンフリクト

利害の対立や意見の不一致により組織の意思決定が行えず、組織が機能しなくなる状態のこと。既存の手続きや規則では処理できない問題が発生している状況であり、経営者は注意深く状況を解釈し、根本的な原因を探索することを通じて、組織変革の必要性を認識する必要がある。

ガバナンス

人や組織に規則に従って行動をとらせる仕組みのこと。規則を破ってでも利益を得たいという行為を抑制し、規則を守らせようとする誘因を保証する仕組みづくりが必要とされる。市場によるガバナンス、組織によるガバナンス、社会によるガバナンスの大きく３つのガバナンスが存在し、特に組織によるガバナンスはコーポレート・ガバナンスと呼ばれ、利害関係者の利益を実現するように経営が行われているかを監視・監督する制度である。

主産地

特定の農産物の生産が特定の地域に集中し、市場における評価が確立している地域は産地と呼ばれる。産地の中でも、販売や購買などの取引面だけでなく、農業経営体の農産物生産においても機能的な組織化（一部または全部）が果たされている産地は、特に主産地と呼ばれる。

産地商人

産地内で農業生産者から直接農産物を仕入れ、市場やスーパーなどの実需者に比較的少量の販売を行い、実需者と生産者をつなぐ主体のこと。多くの園芸産地の形成過程において、産地商人による資本の投下や生産技術の指導が、その発展の一翼を担ってきたことも多い。近年では、このような産地商人が事業継続を目指し、カット野菜・果実業、外食業に乗り出している事例も見られる。

周年化

通常は一年のうちある時期にしか生産、供給できない栽培品目などを、年間を通じて生産・供給可能にすること。単一の産地や経営体において収穫時期の異なる品種・品目を組み合わせて一つの品目、あるいは複数の品種・品目を含む品目群（例としてかんきつ類があげられる）の周年生産・供給を可能にしたり、栽培時期の異なる各地の産地から時期を変えて出荷することで周年供給を可能にするなど、生産から流通のどこに着目して周年化を図るのかによって様々な場合が想定される。

選択的拡大

1961 年制定の農業基本法下で推進された施策の方向性の一つで、「需要が増加する農産物の生産の増進、需要が減少する農産物の生産の転換、外国産農産物と競争関係にある農産物の生産の合理化等」（同法第 2 条）を意味する。農業者の所得を他産業従事者と同等にすることを主目的とした同法において、農業生産性の向上を目指すため、園芸や畜産など需要増加が見込まれる部門に施策を集中し、農業者にこれら部門の生産拡大を奨励した。

光センサー選果

果実に照射した赤外線の吸収スペクトルを測定し、糖度や酸度など果実の内部品質を非破壊で判定することで、選果を行うこと。1990 年代からモモ、ナシ、リンゴ、ミカンなどの選果に利用されている。光センサー選果機が採用される主な理由は、高品質果実の出荷による差別化やブランド化である。光センサー選果が普及し一般化した近年では、携帯型の測定機器も実用化されて圃場の樹上で果実品質を測定することが可能になり、栽培管理などにも利用されている。

土地改良事業

農用地の開発・改良、かんがい施設や農道などの関連施設の建設・維持管理、農地の集団化のための区画整理など、農業生産の基盤整備を通じて生産性の向上や農業構造の改善に資する事業で、実施のための事項は土地改良法に定められている。国民の食料生産基盤や農業の多面的機能の確保という「公的性格」と、個別農業経営体の経営向上という「私的性格」をあわせもつ。そのため、同法に基づいて事業が実施される場合は公的費用負担があるとともに、農業者の発意・同意により事業が実施され一部の費用負担がともなうという特徴がある。

わい化栽培

植物体が小型化する性質（わい性）を持つ台木に接木するなどの方法で、栽培品種の成長を抑えて管理を容易にしたり、果実の結果を早めたりする栽

培方法のこと。特にリンゴで広く利用されているほか、ナシやカキなど他の品目でも研究が進められている。わい性台木に接木された栽培品種では収量が低下しやすいが、樹体がコンパクトなため高密度の栽植ができ、栽植後早くから収穫可能なことから、早期に収入をあげられるといった経営面での効果が期待できる。

農業経営の未来戦略Ⅲ　進化する「農企業」――産地のみらいを創る

2015年12月25日　初版第1刷発行

編著者　小田滋晃
　　　　坂本清彦
　　　　川﨑訓昭

発行者　齊藤万壽子

〒606-8224　京都市左京区北白川京大農学部前
発行所　株式会社　昭和堂
振替口座　01060-5-9347
TEL（075）706-8818／FAX（075）706-8878

印刷　亜細亜印刷

ISBN978-4-8122-1523-4

＊落丁本・乱丁本はお取り替えいたします

Printed in Japan